2024 国际农业科技动态

◎ 赵静娟　王爱玲　张晓静　串丽敏　等　编译

中国农业科学技术出版社

图书在版编目(CIP)数据

2024 国际农业科技动态 / 赵静娟等编译 . --北京：中国农业科学技术出版社，2025.5. --ISBN 978-7-5116-7402-9

Ⅰ.S-11

中国国家版本馆 CIP 数据核字第 202519ZR91 号

责任编辑　于建慧
责任校对　李向荣
责任印制　姜义伟　王思文

出 版 者	中国农业科学技术出版社
	北京市中关村南大街 12 号　邮编：100081
电　　话	（010）82109708（编辑室）　（010）82109702（发行部）
	（010）82109709（读者服务部）
网　　址	https://castp.caas.cn
经 销 者	各地新华书店
印 刷 者	北京中科印刷有限公司
开　　本	170 mm×240 mm　1/16
印　　张	14.5
字　　数	226 千字
版　　次	2025 年 5 月第 1 版　2025 年 5 月第 1 次印刷
定　　价	80.00 元

◆◆◆ 版权所有・翻印必究 ◆◆◆

《2024 国际农业科技动态》编译人员

赵静娟　王爱玲　张晓静　串丽敏　贾　倩
龚　晶　颜志辉　齐世杰　张　辉　姚　茹
李凌云　邱会莹　祁　冉

前　言

农业是人类赖以生存的产业。科技是推动农业发展的决定性力量。当今世界人口不断增长、对农产品需求持续增加，但同时也面临着全球水资源短缺、气候变化、农业"卡脖子"关键核心技术亟须攻关等重要挑战。应对这些挑战，必须依靠科技进步。

为持续跟踪国际农业科技动态，本书作者单位北京市农林科学院推出了微信公众号"农科智库"，持续跟踪监测国内外知名农业网站最新的科技新闻报道，从海量资讯中选出高价值资讯，经研究人员编译后通过"农科智库"微信公众号面向科技和管理人员进行推送，以期为科技人员获知相关农业学科或领域的研究动态提供及时、有效的帮助，也为管理部门科学制定政策、规划等提供智力支撑。为进一步发挥资讯的参考价值，现将2024年"农科智库"平台发布的273条资讯进行归类整理，以飨读者。

这些资讯既包括动植物遗传、生物技术、动植物生理、动植物育种、资源环境、动物疾病防治、植物保护、智慧农业等学科，也涵盖可持续发展、农业产业、政策规划等领域。为方便读者查阅，本书本着实用性原则对资讯进行了简单归类。归类的原则有二，一是学科与领域相结合的原则，既尽可能按照学科进行分类，但又不完全按照学科或领域进行分类；二是学科或领域靠近原则，即资讯内容若涉及多个学科或领域，则归类到最靠近的学科或领域。

将资讯归类整理后，大致可以发现 2024 年国际农业科技研究热点主要集中在"动植物遗传""动植物育种""生物技术""智慧农业"等方面，基因编辑技术、数字育种技术、替代蛋白、智慧农业领域成为近年来国际农业科技发展的新方向；此外，通过分析欧盟、美国、英国等农业科技发达国家（地区）的农业政策监管、规划项目、生物技术年度报告，从中也可以捕捉和探究全球农业领域的科技研发动向。

需要说明的是，本书资讯分类更注重实用性，由于采用了学科与领域相结合的分类原则，因此，可能存在范围交叉与重叠现象。由于时间和水平有限，错误与疏漏之处在所难免，敬请广大读者批评指正。

作者

2025 年 3 月于北京

目　录

动植物遗传

蛋白质组学与关键蛋白鉴定 ··· 3
 荷兰发现可促进盐碱环境下植物根部生长的调节蛋白 ············· 3
 首个非动物源乳蛋白获准在加拿大销售 ································· 3
 我国发布首个水稻全景定量蛋白质组图谱 ···························· 4
 国际团队在油菜素内酯的运输领域取得突破性进展 ················ 4

基因组学、基因挖掘与调控机理 ··· 6
 2Blades 与拜耳成功鉴定出亚洲大豆锈病的抗性基因 ··············· 6
 国际团队发现植物耐盐新机制 ·· 6
 我国科学家在国际上首次克隆出抗大豆锈病基因 ··················· 7
 我国克隆出小麦新型广谱抗白粉病基因 ······························· 7
 我国破解马铃薯杂种优势遗传机理 ······································ 8
 西班牙发布种子发芽转录调控新见解 ··································· 9
 新研究发现让番茄变甜的基因 ·· 9
 新研究发现玉米广谱数量抗性分子机制 ······························ 10
 新研究鉴定出小麦穗发育转录调控因子 ····························· 11
 美国发现突破性光合作用基因，可大幅促进植物生长 ··········· 11
 英国发现改变植物抗逆性的新型基因 ································· 12
 新研究揭示水稻淀粉生物合成和胚乳发育新机制 ················· 13
 中国发现小麦 vWA/Vwaint 蛋白 TaAPA2 调控小麦植株形态建成 ······ 13

中国科学家实现十字花科植物多年生与一年生自由转换 ………… 14
澳大利亚 2022—2023 年绵羊遗传基因型数量创纪录 ………… 15
德国利用 AI 对作物基因组进行准确预测 ………………………… 15
发现小麦品种与人文和环境协同进化的基因组学基础 ………… 16
国际团队揭示甘蓝类蔬菜驯化的"分子加速器" ………………… 17
华大智造推出大规模农业基因组学产品 Low-pass WGS ……… 18
我国发布首个普通野生稻高通量优异基因发掘平台 …………… 18
我国科研团队揭示影响水稻籽粒长度的关键基因 ……………… 19
我国全面绘制猪等位基因不平衡表达的时空特异性图谱 ……… 20
我国完成基因组结构变异检测基准测试 ………………………… 20
我国玉米近缘物种组学研究成果显著 …………………………… 21
研究构建水稻基因组倒位变异图谱 ……………………………… 21
研究揭示幼龄山羊瘤胃微生物耐药基因组变化特征 …………… 22
中国科学家在单细胞水平揭示鸡性别决定的分子机制 ………… 23
中国农业科学院牧医所提出最优的低覆盖全基因组测序填充策略 ……… 23
猪基因型-组织表达计划取得新进展 ……………………………… 24
猪基因组结构变异图谱绘制成功 ………………………………… 25
美国发现培育耐高温牛的重要基因 ……………………………… 25
新研究在玉米耐热性机制方面取得进展 ………………………… 26
中国科研人员发现大豆抗旱性调控的重要基因 ………………… 26
研究发现调控棉花产量和纤维品质的关键基因 ………………… 27
研究发现拓展水稻籽粒大小新机制 ……………………………… 27
中国农业大学研究团队发现玉米"智慧株型"基因 …………… 28
作科所发现调控大豆耐阴性和产量的关键基因 ………………… 29
作科所解析大豆花期调控关键基因的遗传效应 ………………… 29
利用关键基因负向调控水稻种子休眠 …………………………… 30
我国解析玉米籽粒脱水机制 ……………………………………… 31
我国首次发现再生因子调控植物组织修复和器官再生 ………… 32
新研究揭示 TT-SCE1 模块调控水稻耐热性的分子机理 ………… 32
新研究揭示弱蓝光诱导叶片衰老的分子机制 …………………… 33

研究人员揭示玉米 ZmLecRK-ZmBAK 模块的广谱抗病分子机制 ………… 34

生物技术

基因编辑 ………………………………………………………………… 37
    HRB 首次从基因编辑单细胞中再生草莓，实现 CRISPR 重大突破 ……… 37
    澳大利亚开发新型精准基因编辑工具 SeekRNA ……………………… 37
    拜耳开展大豆靶向和脱靶基因编辑的遗传性研究 …………………… 38
    比利时开发新工具提高大规模基因组编辑效率 ……………………… 38
    德国实现 CRISPR/Cas 突破，成功将大基因片段稳定插入植物 DNA …… 39
    甘蓝型油菜工业化基因编辑研究进展 ………………………………… 39
    华中农大开发出新型植物 RNA 甲基化编辑工具 …………………… 40
    科迪华与 Pairwise 联手加速基因编辑技术推广 ……………………… 41
    美国、丹麦科学家开发出针对米曲霉的基因编辑工具包 …………… 41
    美国开发 TATSI 技术，实现高效植物基因组工程 …………………… 42
    日本科学家推动基因编辑工具 "prime editor" 的开发 ……………… 42
    我国利用新型引导编辑系统高效实现水稻内源基因精准标记 ……… 43
    新技术显著降低线粒体碱基编辑的脱靶效应 ………………………… 43
    新型平台可直观评估猪基因编辑效率 ………………………………… 44
    克隆技术支撑畜禽基因组编辑研究 …………………………………… 44
    美国开发 FLSHclust 算法，发现 188 个新的 CRISPR 基因编辑系统 …… 45
    我国利用环状 RNA 开发出基于 Cas12a 的引导编辑器 ……………… 46

新技术 ………………………………………………………………… 47
    BioLumic 利用光处理解决种子近交衰退问题 ……………………… 47
    Cibus 宣布小麦单细胞再生技术取得重大突破 ……………………… 47
    USDA 开发减少鸡蛋中病原体的新技术 ……………………………… 48
    德国利用激光和 3D 打印技术改良作物 ……………………………… 49
    德国推出植物磁共振成像新技术 ……………………………………… 49
    科迪华在巴拉圭推出首个生物接种剂 ………………………………… 50
    科研人员开发内源基因非编码区定向进化新技术 …………………… 50

美高校研发土壤硝酸盐喷墨印刷电位传感器 ………………… 51
美国 NSF 新项目利用人工智能操控转基因辣椒性状 ………… 51
日本开发出无须使用植物激素的植物再生新方法 …………… 52
日本研发未孵化卵内性别鉴定新方法 ………………………… 53
瑞典开发促进作物生长的"电子土壤" ……………………… 53
我国研制出金黄色葡萄球菌快速检测传感器 ………………… 54
越南开发新型生物传感器,可准确高效测定肉类新鲜度 …… 54
不依赖光合作用的"电农业"可缩减94%的耕地用量 ……… 55
我国开发逆转座子基因工程新技术 …………………………… 56
科学家发现去除茄属植物中有毒化合物的方法 ……………… 56
美国开发准确预测作物光合作用、提升产量的新模型 ……… 57
日本开发新型植物性状测量工具 ……………………………… 58
CropX 收购 EnGeniousAg 以获得突破性氮传感技术 ………… 58
法国开发基于人工智能的种子混合物营养评估技术 ………… 59
首尔大学开发基因翻译多级调控系统 ………………………… 59
新研究揭示水稻 RNA 识别结构域蛋白抑制外源基因沉默的机制 … 60
遗传与发育生物学研究所开发出植物基因驱动工具 ………… 61
英国利用转基因细菌生产自染色皮革 ………………………… 61
Moa 和 Biomar 利用海洋资源合作研发生物除草剂 ………… 62
基于 CRISPR 的生物传感器技术可有效检测转基因作物 …… 62
先正达抗高温胁迫型生物刺激剂获欧盟 CE 认证 …………… 63

动植物生理

研究揭示土壤中根系形态时空变化机制 ……………………… 67
乙烯促进水稻扎根紧实土壤 …………………………………… 67

动植物育种

动物育种 ……………………………………………………… 71
 Hypor 与 Danish Genetics 合并,加强种猪市场竞争力 …… 71

基于育繁推一体化育种体系的畜禽遗传评估新方法 …… 71
加拿大、荷兰公司携手推进精准生猪育种 …… 72
美国、巴西培育出第一头产含人类胰岛素牛奶的转基因奶牛 …… 72
美国科学家利用益生菌促进鸡胚胎和雏鸡的生长发育 …… 73
欧美多机构拨款培育低甲烷排放奶牛品种 …… 73
日本筑波大学开发鸡精液长期储存技术 …… 74
日美培育出用于人体器官移植的转基因猪 …… 75
我国成功开发肉牛基因组选择育种液体捕获芯片 …… 75
西北农林科技大学研发奶山羊乳腺炎基因编辑抗病育种新策略 …… 76
英国公司利用 CRISPR-Cas 建立抗蓝耳病猪商业规模核心群 …… 77
优化育种策略，降低我国奶业温室气体排放 …… 77
MSTN 和 FGF 双基因编辑调控绵羊肌纤维增生取得重要进展 …… 78
首农股份首批抗蓝耳病基因编辑猪诞生 …… 79
西班牙开发基于 CRISPR-Cas9 调控家畜性别的方法 …… 79

植物育种 …… 81

Benson Hill 大豆育种计划取得重大进展 …… 81
Cibus 和 Interoc 共同为拉丁美洲开发除草剂耐受品种 …… 81
Cibus 和 Loveland Products 合作开发水稻性状 …… 82
Cibus 在英国完成首轮防油菜籽荚裂田间试验 …… 82
Cibus 在油菜持久抗白霉性状的研究方面取得重大进展 …… 82
CIMMYT 等机构联合研究提高小麦气候适应力的育种策略 …… 83
Corteva 非转基因小麦杂交技术获突破 …… 84
Gro Alliance 在美国加州开设 AI 驱动型蔬菜种子改良中心 …… 84
ICRISAT 推出全球首个木豆快速育种协议 …… 85
IRRI 开发低血糖指数和高蛋白转基因水稻品种 …… 85
Seed-X 和 Gro Alliance 共同提高蔬菜种子筛选技术 …… 86
USDA 认证首个富含动物蛋白的转基因大豆品种 …… 86
巴斯夫推出新型高性能油菜品种 …… 87
拜耳等种企在阿根廷推广油料作物亚麻荠种植 …… 87
拜耳联合加拿大研究机构聚力双低油菜育种 …… 88

拜耳在法国推广抗旱玉米新品种 ·· 88
大北农生物与博瑞迪在转基因玉米性状整合等六大领域展开深度
　合作 ·· 89
德国利用克隆性细胞生产无性杂交种子 ·· 89
高产黄瓜育种调控机制取得新进展 ·· 90
国际水稻研究所开发水稻快速育种方案 ·· 91
国际团队开发转基因无刺经济作物 ·· 91
国际团队培育出低升糖指数的高蛋白水稻品种 ···························· 92
开发转基因蚕以创造具有新特性的蚕丝 ·· 93
美国 Ohalo 发布颠覆性植物育种技术 ·· 93
美国发现培育高产矮秆玉米的重要基因 ·· 94
美国通过改造植物基因生产工业用油 ·· 94
美国推出强化植物种质管理的多年计划 ·· 95
美国推出首个三倍体大麻种子系列 ·· 96
美国针对作物改良开展 miRNA 研究 ·· 96
美科学家开发 CRISPR 树木以提高纸张产量 ································ 97
提高玉米转化频率的研究取得进展 ·· 97
我国精准改良结瘤固氮，大幅提高大豆产量和品质 ···················· 98
我国科学家破解复粒稻遗传奥秘，助力培育高产水稻品种 ········ 98
我国首创可自我繁殖的二倍体无籽西瓜诱导体系 ························ 99
我国首次利用基因编辑创制甘蔗单倍体新品种 ···························· 100
西班牙研发富含维生素 A 的超级黄金莴苣 ·································· 100
新研究加速花生作物改良 ·· 101
新研究使克隆水稻种子实现正常结实率 ·· 102
英企发布高产矮秆番茄品种 ·· 102
科学家开发出富含维生素 B_1 的生物强化水稻 ······························ 103
美科学家通过降低植物叶绿素水平提高种子氮含量 ···················· 103
Cibus 水稻堆叠基因编辑除草剂耐受性试验取得积极进展 ········ 104
Pairwise 利用 CRISPR 技术开发出首款无籽黑莓 ························ 105
韩以联合开发耐除草剂基因编辑大豆 ·· 105

美研究显示，转基因 DP-3Ø5423-1 豆粕用作肉鸡饲料无不良影响 …… 106
日本科学家研发富含 β-胡萝卜素的转基因茄子 …………………… 106
首个转基因抗病香蕉品种获批用作食品 ……………………………… 107
泰国批准基因编辑技术用于农业品种改良 …………………………… 107
以色列和美国科学家利用基因编辑技术培育出节水番茄 …………… 108
转基因生物发光室内植物首次登陆美国市场 ………………………… 108
美国研发转基因高性能工程木材品种 ………………………………… 109

资源环境

美国发布首个全球土壤病毒图谱 ……………………………………… 113
挪威开发减少农田 N_2O 排放新技术 ………………………………… 113
全球土壤无机碳分布格局及其动态研究取得进展 …………………… 114
我国建立全球玉米和小麦生产土壤活性氮损失清单 ………………… 115
我国科学家揭示三大粮食作物农田氨排放的驱动因素 ……………… 115

动物疾病防治

USDA 将全球非洲猪瘟病毒重新划分为 6 种基因型 ………………… 119
贝索斯地球基金投资 940 万美元研制牛甲烷疫苗 …………………… 119
非洲猪瘟防治药物研究取得重要进展 ………………………………… 120
科学家揭示 H_2N_2 流感病毒跨种传播机制与潜在风险 ……………… 121
科学家揭示肉鸡腹部脂肪沉积的遗传调控机制 ……………………… 122
兰兽研解析口蹄疫病毒抗原结构 ……………………………………… 122
美国利用机械学习方法预测动物的急性疼痛 ………………………… 123
水禽抗禽流感适应性免疫机制研究重要进展 ………………………… 124
我国揭示非洲猪瘟病毒 Topo Ⅱ 的功能机理和重要机制 …………… 124
我国首次解析由非洲猪瘟病毒编码的全长 Ⅱ 型 DNA 拓扑异构酶的
　　多构象结构 ………………………………………………………… 125
我国首次利用 CRISPR-Cas 开发基因编辑抗非洲猪瘟猪 …………… 125

英美等国利用遗传线索培育抗流感鸡 ·················· 126
猪可能是大鼠戊型肝炎向人类传播的媒介 ················ 127

植物保护

Bosch 和 BASF 推出首款配备精准除草管理系统的植保喷雾器 ········· 131
Iktos 和拜耳宣布使用 AI 设计可持续作物保护解决方案 ··········· 131
国际机构评估多光谱无人机和传感器技术的作物病害监测能力 ········· 132
美国发现保护植物免受极端条件影响的生物回路 ·············· 132
美国发现调节玉米生长和防御的重要蛋白家族 ··············· 133
棉花源新型高效广谱杀虫蛋白应用前景广泛 ················ 134
我国发现新型高效广谱杀虫蛋白 ······················ 134
先正达与 Enko 推出作物保护解决方案 ··················· 135
先正达与以色列 Lavie Bio 联手加快生物杀虫剂研发 ············· 136
中国科学家揭示植物抗病毒免疫新机制 ··················· 136

智慧农业

CropX 收购澳大利亚数字灌溉供应商 Green Brain ·············· 141
Evogene 与谷歌云合作开发小分子设计的生成式 AI 基础模型 ········· 141
Starke Ayres 与 Computomics 合作利用人工智能推进蔬菜育种 ········ 142
拜耳和微软合作解决农业数据连接问题 ··················· 142
拜耳与 Orbia Netafim 合作推进数字农业技术发展 ·············· 143
拜耳在印度推动直播稻种植 ························ 144
德国集成传感器芯片可同步测量水体多个参数 ················ 144
美国伯克利国家实验室推进 AI 驱动的植物根系分析 ············· 145
美国开发 AI 模型提高水分预测精度 ···················· 145
日本利用航拍图像 AI 分析技术预测作物最佳收获期 ············· 146
瑞典 OlsAro 融资开拓 AI 气候智能作物育种 ················ 146
先正达将 CropX 列为关键的可持续发展解决方案服务商 ············ 147

新加坡开发植物电子皮肤，结合数字孪生技术实现精准农业监测 …… 147
新型温室番茄叶片病害智能机器人检测系统 …………………… 148
意大利利用无人机和 AI 监测识别入侵害虫 …………………… 149
印度公司通过精确无人机监控和数据分析加速杂交种子试验 …… 149
英中合作开发出智能解密植物遗传序列和结构的 AI 模型 …… 150

可持续发展

PIC 种猪帮助欧洲养猪业降低碳排放 …………………………… 153
巴斯夫与 IRRI 合作减少水稻碳足迹 …………………………… 153
拜耳和 Trinity Agtech 联手推动农业再生实践 ………………… 154
拜耳与 Planet 合作利用卫星数据促进全球粮食安全和环境可持续性 …… 154
德意合作开发用于造林的生物混合微型机器人 ………………… 155
多目标农田管理优化框架，助力实现气候智能型作物生产 …… 155
多样化轮作可促进粮食增产、温室气体减排，改善土壤健康 …… 156
过量氮肥投入将减少固氮植物的多样性 ………………………… 157
环境智能高产稳产作物设计获重大进展 ………………………… 158
康奈尔大学：替代肉类可以更可持续地养活人类 ……………… 159
美国科学家发现可减少全球食物浪费有效途径 ………………… 159
美国宣布减少食物损失和浪费以及回收有机物的国家战略 …… 160
美国科学家将柳枝稷转化为生物塑料 …………………………… 161
新加坡利用大豆加工废水培养鱼饲料替代品 …………………… 161
中国农业大学发现一种可持续的"生物质—水环境—能源"策略 …… 162

农业产业

Cibus 联合 Albaugh 等推进烯草酮耐受水稻品种商业化 …… 165
Legend Seeds 与合作伙伴品牌结成战略联盟，开展深度合作 …… 165
Yield10 申请生产 ω-3 亚麻荠 …………………………………… 166
UPL、拜耳、先正达等农化巨头布局生物制剂业务 …………… 166

比利时 Protealis 获得 2 200 万欧元 B 轮融资 …………………… 168
大北农加入欧洲生物技术联盟 ………………………………… 169
韩国开发牛肉大米作为替代蛋白 ……………………………… 169
科迪华推出新平台，以投资初创企业，加速颠覆性技术开发 ……… 170
美国 Inari 完成 1.03 亿美元融资 ……………………………… 170
日本开发高效农作物收割机器人抓手 ………………………… 171
未米生物完成亿元 A 轮融资，聚焦开发基因编辑玉米 ………… 172
先正达开放基因编辑及育种技术授权 ………………………… 172
先正达扩大跨行业合作领域，加快农业研发进程 ……………… 173
先正达利用 AI 大语言模型加速农作物种子性状研究 ………… 173
先正达推出可提高作物养分利用率的新型制剂 ……………… 174
以色列 GeneNeer 获得 100 万美元种子轮融资 ……………… 174
种业巨头科沃施退出南美洲转基因玉米业务 ………………… 175

政策规划

EPA、FDA 和 USDA 联合发布生物技术联合监管计划 ………… 179
NIFA 动物育种、遗传学和基因组学投资方向 ………………… 179
NSF 牵头向未来农业技术和解决方案研究计划投资 3 500 万美元 … 180
USDA 投资 1.21 亿美元于特色作物研究和有机农业生产 …… 181
USDA 投资万美元用于生物技术风险评估研究 ……………… 182
澳大利亚启动为期六年的国家生物安全计划 ………………… 183
巴基斯坦正式允许进口转基因大豆 …………………………… 183
巴西、荷兰分别批准 2 项和 3 项转基因作物的商业化种植 …… 184
德国和瑞士研究团队创建了全球国家农业环境政策数据库 …… 184
法国发布 2030 生态环保战略 ………………………………… 185
加拿大投资逾 1 000 万美元资助作物研究项目 ……………… 185
美国对几项转基因作物解除管制 ……………………………… 187
美国发布国家 301 计划 2023 年报告 ………………………… 187
美国国会委员会推出与生物技术相关的立法提案 …………… 189

美国农业部 NIFA 发布多个重点领域资助计划 ·················· 190
美国批准种植转基因大麻等多种作物 ························ 192
美国政府发布关于促进生物经济发展的报告 ···················· 193
2023 年巴西生物技术发展报告 ···························· 194
2024 年德国农业生物技术发展报告 ························· 195
2023 年加拿大生物技术发展报告 ·························· 196
2023 年欧美三国生物技术发展报告 ························· 197
2024 年西班牙生物技术发展报告 ·························· 198
欧盟出台"地平线欧洲"计划第二个战略规划 ···················· 199
日本发布政府经济一揽子农业政策重要事项 ···················· 199
新西兰拟更新基因技术法规 ······························ 201
意大利成为首个禁止生产销售人造肉的国家 ···················· 201
印度政府批准"数字农业使命"计划 ························ 202
USDA 授予 1 项基因编辑大豆豁免权 ························ 204
澳大利亚批准转基因小麦和大麦的田间试验 ···················· 204
欧盟推动生物技术与生物制造业发展 ························ 205

国际项目

科迪华与荷兰投资机构建立战略合作伙伴关系 ··················· 209
尼日利亚批准转基因玉米品种商业化 ························ 209
乌克兰采取拯救作物多样性的战略 ·························· 210
欧盟资助新的基因组技术项目 ···························· 210
欧盟资助 ISIDORe 项目应对禽流感病毒 ······················ 211

动植物遗传

蛋白质组学与关键蛋白鉴定

荷兰发现可促进盐碱环境下植物根部生长的调节蛋白

盐碱化造成全世界农作物严重损失。荷兰瓦赫宁根大学研究中心的一项新研究发现，局部调节蛋白可促进盐渍土中的植物根部生长，从而促进植物发育。研究结果发表于《植物细胞》(Plant Cell)，为进一步研究开发更具弹性的作物奠定了重要基础。

研究人员深入研究了模式植物拟南芥侧根形成的分子机制，发现 LBD16 蛋白充当生长素和侧根实际形成之间的开关。在盐碱环境下，生长素的作用急剧下降，但 LBD16 的量实际上增加了，从而发现了另一种激活剂——ZAT6 蛋白，这种蛋白可以替代生长素调节剂的角色。这一发现为进一步研究侧根中可比较的局部分子网络提供了重要基础，以确保植物能够在盐碱化、干旱和高温情况下正常生长，帮助育种者改变植物根系的生长，从而创造出更具弹性的品种。在寻找 LBD16 激活剂的过程中，研究人员将实验中各种转录因子的数据放入机器学习模型，以预测特定转录因子是否调节另一个转录因子。经过实验测试，最终确定 ZAT6 是 LBD16 的重要新调节因子。

(信息来源：荷兰瓦赫宁根大学)

首个非动物源乳蛋白获准在加拿大销售

以色列食品科技初创公司 Remilk 是一家发酵食品和乳制品开发商，已获准在加拿大销售其非动物源、实验室培育的乳蛋白。2023 年 2 月，美国食品药品监督管理局和新加坡食品局批准销售和使用 Remilk BLG 蛋白，以色列卫生部随后也给予批准，加拿大是第四个批准国。

根据 Research and Markets 的数据，乳制品替代品市场全球销售额预计从 2022 年的约 350 亿美元增长到 2030 年的 900 亿美元。加拿大卫生部此举将为各种非动物源产品打开大门，不含动物成分的乳蛋白可用于生产营养棒、奶油、奶酪、冰激凌、酸奶等奶制品以及植物性饮料。Remilk 介绍，这些食品将具有与牛奶相同的味道和质地，同时不含乳糖和胆固醇，并且相较动物源乳制品的生产，其对环境影响更小。但监管机构也表示，该蛋白预计不会直接出售给消费者或用于婴儿配方奶粉。

(信息来源：加拿大《国家邮报》网站)

我国发布首个水稻全景定量蛋白质组图谱

近日，中国农业科学院生物技术研究所联合国内多家单位共同绘制了水稻全景定量蛋白质组图谱，为水稻的基因功能研究提供了重要的蛋白表达量资源，也为基于多组学数据作物智能设计育种提供了新思路。相关研究成果发表于《自然-植物》(Nature Plants)。

研究人员基于质谱等技术，量化了水稻主要组织中超过 15 000 个基因的蛋白质水平，鉴定了 8 964 个 UniProt 数据库中已记录的蛋白质，并为另外 7 077 个蛋白编码基因提供了蛋白质水平证据，从而绘制出水稻全景定量蛋白质组图谱。通过对水稻各组织中的特异性蛋白和富集蛋白进行分析，揭示了与组织功能相关的关键生物学过程和途径。研究人员还进一步绘制出同批水稻组织样本的定量 RNA 甲基化 m6A 修饰图谱，通过对蛋白组图谱和 m6A 的整合分析，鉴定到新的植物中调控 m6A 的因子 MED18，发现 m6A 是决定水稻中蛋白质与 RNA 丰度不一致性的关键因素，并且其对水稻蛋白表达量具有负调控作用。该研究为水稻的基因功能研究和表达调控提供了重要的蛋白表达量资源，此外，该研究运用的定量蛋白质组的方法也为其他作物的蛋白质组研究提供了借鉴。

(信息来源：中国农业科学院生物技术研究所)

国际团队在油菜素内酯的运输领域取得突破性进展

近期，中国科学技术大学与比利时根特大学合作，在油菜素内酯的运输领域取得了突破性进展。他们发现了油菜素内酯首个转运蛋白——ABCB19蛋白，它可以将油菜素内酯搬运到细胞外。该成果填补了油菜素内酯运输领域的关键空白，对研究植物生长发育以及农业生产具有重要意义。相关研究成果3月22日发表于《科学》(*Science*)。

蛋白在搬运植物激素时需要消耗能量。通过监测能量消耗的情况，可以初步判断蛋白是否与植物激素发生了反应。研究团队分别监测了ABCB19蛋白在赤霉素、油菜素内酯等多种植物激素中的能量消耗情况，观察到在油菜素内酯中，ABCB19蛋白能量消耗异常显著。研究团队建立了利用放射性标记追踪物质运动状态的体系，并利用其证明了ABCB19蛋白在人工构建的模拟细胞环境中可以搬运油菜素内酯。利用冷冻电镜技术解析得到高分辨率三维结构，直观地观察到了ABCB19蛋白如何结合、搬运油菜素内酯。

(信息来源：中国科学技术大学)

基因组学、基因挖掘与调控机理

2Blades 与拜耳成功鉴定出亚洲大豆锈病的抗性基因

近日,2Blades 宣布与拜耳成功鉴定出亚洲大豆锈病(ASR)的抗性基因,为控制和预防 ASR 铺平了道路。ASR 是一种由空气传播真菌 P. pachyrhizi 引起的快速传播疾病,可在初次感染后 3 周内导致作物损失高达 90%。为寻找更有效的抗 ASR 方法,2Blades 和拜耳试图确定新的遗传抗性来源,以实现可持续和环保的 ASR 保护措施。此外,2Blades 在了解真菌 P. pachyrhizi 的分子复杂性方面也取得了重大进展,包括组装其完整的基因组序列。这些有助于确保抗药性的持久性,为美国和巴西的大豆种植者提供针对 ASR 的各种作用模式,以获得有效、可持续的解决方案。

2Blades 计划将该发现用于低收入、缺粮国家的小农项目,并于 2023 年启动了一项计划,帮助非洲种植者保护大豆作物免受 ASR 的侵害。

(信息来源:AgroPages 网站)

国际团队发现植物耐盐新机制

新加坡国立大学、奥地利科学技术研究所和荷兰拉德堡德大学的研究人员发现了植物适应盐胁迫的一种新机制,可以促进植物根部去除氯化物并增强植物的耐盐性。研究成果于 5 月 10 日发表于《自然-通讯》(Nature Communications)。

研究小组发现了植物适应盐胁迫的一种新机制,涉及 NaCl 诱导的特定氯通道蛋白 AtCLCf 的易位。这项研究表明,在正常生长条件下,AtCLCf 蛋白可在内膜系统(高尔基体)中生成和储存,当用盐处理根细胞时,AtCLCf 会转移到质膜(PM),以去除多余的氯离子。这表明了一种提高植物耐盐性的新机制。

该研究还发现一种转录因子 AtWRKY9，当植物受到盐胁迫时，该因子可直接调节 AtCLCf 基因的表达。NaCl 使 AtCLCf 蛋白在另一种名为 AtRABA1b/BEX5 的蛋白质的帮助下从细胞内部（高尔基体）移动到细胞表面。如果用抑制剂（布雷菲德菌素-A）或修改 BEX5 基因来阻断这种移动，会导致植物对盐的高度敏感性。这些发现证明 AtCLCf 参与了从根组织中去除过量的氯离子，从而提高植物的耐盐性。

为了了解 AtCLCf 在植物细胞中的作用，研究人员采用了多种技术，例如荧光测量与重组 AtCLCf 蛋白和氯离子敏感染料结合的脂质体，以及电生理学研究（膜片钳）。这些研究表明，AtCLCf 的工作原理就像一个泵，将氯离子与氢离子交换，有助于从细胞中去除多余的氯离子。

（信息来源：新加坡国立大学）

我国科学家在国际上首次克隆出抗大豆锈病基因

近日，中国农业科学院油料所南方大豆遗传育种创新团队，在国际上首次从大豆中克隆出抗大豆锈病基因，破解了大豆抗锈基因匮乏的世界性难题。目前该基因的相关知识产权已申请多国发明专利，相关成果发表于国际知名期刊《自然-通讯》(*Nature Communications*)。

大豆锈病是世界大豆最主要的病害，其防治一直是世界性难题，克隆大豆锈病基因是解决大豆锈病的有效途径。油料所科研人员从 13 000 多份大豆资源材料中筛选到对锈菌免疫的种质，通过制定最严格的抗锈鉴定分级方法、构建超大规模 F_2 群体精细定位、改良大豆遗传转化过程，在国际上首次从大豆中克隆出广谱持久抗大豆锈病基因 *Rpp6907*，为大豆抗锈病育种提供了宝贵基因资源。

（信息来源：中国油料作物信息网）

我国克隆出小麦新型广谱抗白粉病基因

中国科学院遗传与发育生物学研究所研究员刘志勇与赵玉胜团队采用图

位克隆、PacBio 长读长基因组重测序、突变体和转基因功能验证等方法，克隆出广谱抗白粉病基因 Pm36。Pm36 编码一个新型的具有跨膜结构域的串联激酶（WTK7-TM）蛋白。白粉菌多小种鉴定发现，WTK7-TM 对我国不同生态区所有测试的 104 个白粉菌生理小种均表现出免疫或高抗。相关研究成果 4 月 10 日在线发表于《自然-通讯》（Nature Communications）。

这项研究发现，Pm36 位点存在明显的基因组扩张和新基因产生现象。基因溯源分析发现，Pm36 基因稀有地分布在野生二粒小麦的南部居群，未参与小麦的进化过程，且在现代小麦基因库中缺失。该研究采用分子设计育种，将 Pm36 基因导入我国小麦主产区主栽品种，创制出高产而抗病的小麦新种质 ZKPm36，为培育广谱抗白粉病小麦新品种提供了基因资源、奠定了理论基础。

（信息来源：中国科学院遗传与发育生物学研究所）

我国破解马铃薯杂种优势遗传机理

近日，中国农业科学院深圳农业基因组研究所经济作物全基因组设计育种创新团队与国内高校合作，发现显性与超显性杂种优势效应可以提高二倍体杂交马铃薯"优薯 1 号"的块茎产量与花粉育性，为马铃薯杂交育种提供了宝贵的遗传资源。相关研究成果发表于《自然-通讯》（Nature Communications）。

杂种优势是指杂交子代在生长势、抗逆性以及产量等方面表现出优于双亲的特性，是生物界普遍存在的一种遗传现象。利用杂种优势可以培育出高产、优质的农作物品种，对保障粮食安全和促进农业发展具有重要意义。

在前期研究中，研究团队建立了二倍体马铃薯杂种优势利用育种体系，但杂种优势形成的遗传机制尚不清楚。该研究对杂种优势显著的二倍体杂交种"优薯 1 号"自交，创制了一份包含 1 064 个单株的 F_2 分离群体，通过大规模的遗传分析，阐明了"优薯 1 号"杂种优势的遗传机理，克隆了对马铃薯育性杂种优势具有重要作用的显性效应基因 PV1，为马铃薯功能基因挖掘与杂交育种奠定了坚实的基础。

（信息来源：中国农业科学院深圳农业基因组研究所）

西班牙发布种子发芽转录调控新见解

西班牙农业基因组学研究中心着手研究了在种子到幼苗的转变过程中转录何时重新启动的问题。这项研究描述了拟南芥增强子元素的鉴定,界定了编码和非编码转录在种子发芽关键阶段的范围和作用,扩大了学界对植物发育过渡转录机制的理解,有望为研究非编码基因组在种子发芽控制中的调控作用开辟新的途径。

研究团队应用创新的 RNA 测序和生物成像方法,利用模式植物拟南芥监测种子萌发和幼苗早期生长过程中新 RNA 合成(新生转录)的动态。这种方法能够在种子重新水合后非常迅速地检测 RNA 转录,这意味着转录重新开始的时间比预期的要早得多。所用方法的敏感性还允许鉴定数千种以前未标记的非编码 RNA。这些发现可能为研究非编码基因组在种子发芽控制中的调节作用开辟新的途径。研究团队还生成了相同发芽时间过程的全基因组染色质可及性的数据集。通过过滤基因组中可进入染色质区域的不稳定的非编码转录物,研究者能够检测到重要的调控特征,如双向转录和转录增强子。相关研究成果2月26日发表于《自然-通讯》(*Nature Communications*)。

(信息来源:西班牙农业基因组学研究中心)

新研究发现让番茄变甜的基因

11月14日,中国农业科学院蔬菜花卉研究所、深圳农业基因组研究所及国内科研单位合作,鉴定到抑制番茄果实糖积累的"刹车基因"*CDPK27/26*,通过基因敲除可使番茄糖含量增加30%以上,且不影响番茄单果重和单株产量。相关研究成果发表于《自然》(*Nature*)。

糖含量是影响番茄口感的重要因素,但糖含量与果实大小呈负相关,现有番茄商业品种尤其是大果番茄中糖含量普遍偏低。因此,如何在不影响番茄产量的前提下,培育美味的番茄品种一直是科研人员追求的育种目标。

该研究发现,*CDPK27/26* 在果实成熟过程中表达量不断提高,并通过磷酸化蔗糖合酶 SUS3 促进其降解，从而抑制葡萄糖和果糖在果实中的积累。CDPK27/26 基因敲除后的植株，葡萄糖和果糖含量分别提高了 35% 和 30%，果实大小和单株产量没有显著变化，但种子大小和数量却受到了不同程度的影响，说明光合产物在果实和种子间可能发生了重新分配。相关研究成果为提高番茄果实含糖量提供了新的解决方案。

（信息来源：中国农业科学院）

新研究发现玉米广谱数量抗性分子机制

11 月 4 日，中国农业大学徐明良团队在《自然-遗传学》（Nature Genetics）上在线发表了关于玉米广谱数量抗性分子机制的研究成果。该研究历经十余载，详细阐述了广谱数量抗病基因的克隆和抗病分子机制。这一成果丰富了对植物在自然条件下应对多种病原菌的遗传基础和分子机制的了解，同时为抗病分子育种提供了重要的基因资源。

灰斑病、大斑病和小斑病是 3 种严重的玉米叶部病害。在自然环境条件下，玉米同时应对多种病害的遗传基础和分子机制尚未明确。

在之前的研究中，该团队在玉米第五号染色体上鉴定到主效抗灰斑病位点 qRgls2。在后续研究中发现，该位点不仅对灰斑病具有抗性，同时对大斑病、小斑病也展现出一定的抗性。经过多年的精细定位，该位点被限定在 78kb 的范围内。通过功能互补、RNA 干扰、基因编辑和过表达等一系列转基因功能验证试验，证明了编码钙依赖蛋白激酶的基因 ZmCPK39 是该位点抗多种叶部病害的功能基因。研究团队利用酵母双杂交筛选到 ZmCPK39 的底物蛋白 ZmDi19。蛋白互作验证结果表明，ZmCPK39 与 ZmDi19 在细胞膜相互作用。利用转基因功能验证试验，证明了 ZmDi19 正调控灰斑病、大斑病、小斑病抗性。

研究团队利用转录组和蛋白组学分析，初步确定了 8 个候选靶标基因。通过酵母单杂交技术，证实 ZmDi19 可以结合编码病情相关蛋白的基因 ZmPR10 的启动子。利用表达调控实验，最终确定了 ZmDi9 正调控 ZmPR10 基因的表达。转基因试验和病原菌生长抑制实验进一步证明，ZmPR10 蛋白能够抑制病原菌的生长和入侵，从而正调控玉米的抗病性。在此基础上，研究

团队提出了 *ZmCPK39* 介导的玉米广谱数量抗性工作模型。

（信息来源：中国农业大学）

新研究鉴定出小麦穗发育转录调控因子

近日，中国科学院遗传与发育生物学研究所研究员肖军团队通过结合多维组学、群体遗传学和基因功能解析等研究手段，提出了系统高效鉴定关键调控因子的策略。相关研究成果 2 月 2 日在线发表于《分子植物》（*Molecular Plant*）。

该研究绘制了小麦穗发育过程的动态转录和表观修饰图谱，搭建了小麦穗发育过程的转录调控网络（TRN）。结合多维组学数据与群体遗传学，研究鉴定到 227 个潜在的穗发育调控因子，其中，42 个基因在小麦或水稻中已被证明参与穗发育过程。该研究利用 KN9204 突变体库对 61 个新基因进行通量表型鉴定，发现其中 36 个基因突变导致开花时间或穗型的改变；对 1 个新基因 *TaMYB30-A1* 进行功能研究和机制解析，发现启动子区域的自然变异影响 WFZP 对其的转录抑制。研究揭示了 *TaMYB30-A1* 优异单体型具有较高的表达量，能够增加植株的穗长、可育小穗数和穗粒数，在我国小麦品种改良过程中发挥了重要的作用。为促进小麦穗发育研究和分子设计育种，该团队与合作者还搭建了小麦穗发育多组学数据库，提供了包括基因信息查询、共表达分析、TRN 预测、表观图谱绘制及突变体库检索等模块在内的"一站式"服务。

（信息来源：中国科学院遗传与发育生物学研究所）

美国发现突破性光合作用基因，可大幅促进植物生长

美国能源部下属的生物能源研究中心在杨树中发现 1 种名为 Booster 的自然存在的基因。该基因可以增强光合作用活性，在田间条件下可将树高提升约 30%，在温室环境中最多可提升 200%，从而显著提升生物量。

Booster 含有两种相关生物的 DNA，以及 1 种对光合作用至关重要的

Rubisco 蛋白质。在研究人员创造出的 *Booster* 基因过表达的杨树中，Rubisco 含量和光合作用活性飙升，导致植物在温室条件下生长时高出 200% 之多。这些树的 Rubisco 含量增加了 62%，叶片的 CO_2 净吸收量增加了约 25%。田间条件下的试验发现，Booster 过表达导致杨树高度提升达 37%，树干体积增加多达 88%，从而增加了每棵树的生物量。科学家将 Booster 插入拟南芥中，也出现了类似的生物量增加，种子产量增加 50%。这一发现表明 Booster 具有更广泛的适用性，有可能在土地、水或肥料不足的情况下提高生物能源作物的产量，甚至可能会在其他植物中触发更高的产量。

杨树和拟南芥被称为 C_3 植物，该类别植物还包括大豆、水稻、小麦和燕麦等主要粮食作物。*Booster* 基因有可能在土地、水或肥料有限的情况下提高生物能源作物的产量，从而支持强大的生物经济。

（信息来源：ornl 网站）

英国发现改变植物抗逆性的新型基因

由英国东英吉利大学（UEA）领导的最新研究揭示了使植物能够产生 1 种名为二甲基磺酰基丙酸盐（DMSP）的新型抗压力分子的基因。这是第一项描述植物如何产生 DMSP、确定植物为何产生这种分子，以及发现 DMSP 可以提高植物抗压力的研究。相关成果发表于《自然-通讯》（*Nature Communications*）。

这项研究表明，大多数植物能够产生 DMSP，高水平的 DMSP 使植物能够在沿海地区等盐碱环境中生长。当植物被补充 DMSP 或被培育出能够自主产生 DMSP 时，它们可以在其他压力条件下（如干旱）生长。这项发现将有助于提高贫氮土壤上的农业产量。

UEA 团队以一种名为大米草（*Spartina anglica*）的植物为研究对象，该植物能够产生大量 DMSP。研究人员将该植物基因与其他低浓度积累 DMSP 的植物（如大麦和小麦）基因进行了比对，鉴定出大米草中参与高水平生产 DMSP 的 3 种酶。DMSP 在压力保护中发挥着关键作用，是全球碳硫循环不可或缺的一部分，也是"冷室气体"的生产原料。盐沼生态系统，特别是以大米草为主的生态系统中，由于这些特定的植物能够合成异常高浓度的化合物，因而成为 DMSP 生产的热点。该研究由英国自然环境研究委员会（NERC）和生物技术与生物科学研究委员会（BBSRC）资助。

（信息来源：英国东英吉利大学）

新研究揭示水稻淀粉生物合成和胚乳发育新机制

中国农业科学院作物科学研究所万建民院士领衔的科研团队与南京农业大学水稻所合作鉴定了水稻淀粉生物合成的关键调控因子 OsLESV，该研究阐明了其通过调控淀粉合成关键酶靶向淀粉颗粒运输的分子机制，为稻米品质的遗传改良提供了重要基因资源和理论依据。相关研究成果 1 月 24 日发表于《植物细胞》（*The Plant Cell*）。

科研团队鉴定到 1 个水稻粉质胚乳突变体 flo9，与野生型相比，该突变体存在严重的胚乳发育缺陷，表现为胚乳中心区域空洞，中间区域粉质。图位克隆和互补实验证实，FLO9 编码植物中特有的非酶蛋白 OsLESV。亚细胞定位实验证实，OsLESV 定位在胚乳造粉体基质和淀粉颗粒上。OsLESV 体外具有结合淀粉的能力。进一步研究发现，OsLESV 可以与支链淀粉合成关键酶 ISA1 互作，OsLESV 功能缺失导致 ISA1 在淀粉颗粒上的定位减少。此外，研究还发现 OsLESV 可以与团队前期鉴定的淀粉合成关键调控因子 FLO6 互作，二者构成一个功能模块，协同调控水稻胚乳中储藏淀粉的合成和胚乳发育。该研究丰富了人们对淀粉生物合成调控的新认知，为稻米品质的遗传改良提供了重要的基因资源和理论依据。

（信息来源：中国农业科学院作物科学研究所）

中国发现小麦 vWA/Vwaint 蛋白 TaAPA2 调控小麦植株形态建成

近日，北京大学现代农业研究院陈时盛团队发表的研究成果揭示了小麦中编码 vWA 和 Vwaint 结构域的蛋白 TaAPA2 突变存在显性负效应，并可能通过质子泵（H^+-ATPases）调控小麦植株形态建成。

团队前期在小麦宁春 4 号 EMS 突变体库中鉴定到 18 个独立的家系，表现出不同程度叶片和种子短圆、颖壳变短、叶片夹角变小和延迟开花等多种表型变化。通过对 2 个不同作图群体的图位克隆，获得了同一个候选基因 TaAPA2，该基因编码一个具有 vWA 和 Vwaint 结构域的特殊蛋白，其点突变引起小麦多种形态性状的改变。除 18 个宁春 4 号 EMS 突变体外，该研究还获得了周麦 36 和 Cadenza 的 EMS 突变系，这些突变系均在该基因外显子上存在点突变并造成类似的表型变化。随后，利用 CRISPR/Cas9 基因编辑技术和转基因实验对 TaAPA2 进行了进一步功能验证。该研究发现突变蛋白与正常蛋白存在竞争性相互作用且存在剂量效应。以上结果暗示 semi-dominant 的 EMS 和基因编辑突变可能是通过显性负性效应起作用。

在团队收集的 128 份普通小麦和 158 份节节麦材料中，共发现了 6 种 TaAPA2 蛋白的单体型。其中，单体型 H1 在普通小麦品种中属于优势类型，而 H2 在节节麦中属于优势单体型。TaAPA2 主要在穗部和茎尖分生组织中高表达，亚细胞定位显示其定位于细胞质和细胞膜。该研究克隆了调控小麦植株形态建成的关键基因 TaAPA2，为人们了解含有 vWA 结构域的蛋白在调控小麦植株形态中的功能机制奠定了基础。

（信息来源：北京大学现代农业研究院）

中国科学家实现十字花科植物多年生与一年生自由转换

中国科学院分子植物科学卓越创新中心、植物高效碳汇重点实验室王佳伟研究组通过构建跨物种遗传群体和正向遗传学手段定位，确定了多年生和植物生活史策略演化的关键基因。在国际上首次实现了十字花科植物多年生与一年生的自由转换，为未来精准设计、定向培育适应特定气候地理环境的多年生油菜作物品种奠定了理论基础。研究结果 5 月 28 日在线发表于《细胞》（Cell）。

研究者使用两种十字花科植物作为多年生多次结实模型，发现从多年生多次结实到两年生和一年生开花行为的转变是 1 个连续的过程，由 3 个密切相关的 MADS-box 基因的剂量决定。研究发现，这 3 个基因均保持功能完好时，植物表现出稳健的多次结实多年生表型；缺失其中 1 个或 2 个基因会导致植物出现兼性生活史策略（弱多年生/二年生/冬性一年生）；而当 3 个基因完全缺失时，植物转变为一次结实一年生。由于多年生作物具有发达的根系，能够保证高的水肥利用，减少土壤流失，并将大气中的碳固定在土层中，因此设计多年生十字花科植物将有利于我国农业的可持续发展和"双碳"目标的实现。

（信息来源：中国科学院）

澳大利亚 2022—2023 年绵羊遗传基因型数量创纪录

澳大利亚肉类及畜牧业协会（MLA）近期发布的年度成果报告介绍了澳大利亚肉牛和绵羊行业中使用遗传工具进行改良育种的情况，525 家牛肉生产商和 585 家绵羊生产商参与了调研。

该报告称，2022—2023 年提交绵羊遗传学评估的基因型数量已创下历史新高。其中，美利奴羊基因评估系统（MERINOSELECT）和澳大利亚肉羊基因评估系统（LAMPLAN）的新型动物数量创下纪录，高达 42 万只。澳大利亚绵羊遗传评估服务系统的基因型数量、遗传进展率和动物数量不断增加，绵羊生产者由此可以获得更多具有澳大利亚绵羊育种值的动物种群。2016—2023 年，绵羊生产商使用具有澳大利亚绵羊育种值（ASBV）绵羊的比重由 14% 增加到 55%。与不使用 ASBV 绵羊的生产商相比，ASBV 绵羊的使用改善了绵羊生产商的财务状况。

（信息来源：澳大利亚肉类与畜牧业协会网站）

德国利用 AI 对作物基因组进行准确预测

由德国莱布尼茨植物遗传和作物科学研究所（IPK）和于利希研究中心（FZJ）组成的国际研究团队，在源自不同植物的庞大基因组数据集上训练了 1 种可解释的深度学习模型，并用该模型预测了拟南芥、番茄、高粱和玉米等作物基因侧翼区域的基因表达谱，预测准确率超过 80%，可用于预测性特征选择。该模型展示了显著的跨物种性能，可有效识别保守的、物种特定的调控序列特征，及其对基因表达的预测能力。相关研究结果 4 月 25 日发表于

《自然-通讯》(Nature Communications)。

这些模型不仅能够根据序列准确预测基因活性,还能精准定位哪些序列部分有助于这些预测。研究人员应用的人工智能技术类似于计算机视觉使用的技术,包括识别图像中的面部特征和推断情绪。与之前基于统计富集的方法不同,研究人员将序列特征的识别与 mRNA 拷贝数的确定结合在一个数学模型的框架内,该数学模型已经训练了基因模型结构和序列同源性的生物信息,从而实现基因的进化分析。

(信息来源:德国莱布尼茨植物遗传和作物科学研究所、于利希研究中心)

发现小麦品种与人文和环境协同进化的基因组学基础

中国农业科学院作物科学研究所联合国内外科研院校,在基因组水平全面展示了 20 世纪 50 年代以来中国小麦育种历史,揭示了不同层次的结构变异对小麦适应性和育种的影响,为全球种质资源的整合利用、未来小麦智能设计育种提供了重要基因组支撑以及新的视角和策略。相关研究成果 11 月 28 日发表于《自然》(Nature)。

研究人员从我国近 70 年育成的 5 000 多个小麦品种中筛选出有代表性的 17 个品种,从头组装它们染色体水平的高质量基因组,并对精准鉴定出的近 25 万个结构变异进行分析,发现跨着丝粒区域是小麦品种分化的核心区域。进一步分析发现,这 17 个中国小麦品种展现出的遗传多样性远高于全球其他国家近 30 年育成品种。研究推断,这是由于我国小麦商业化育种发展相对较慢,一定程度上保留了其品种的遗传多样性、维持小麦品种较高的韧性,这为未来作物育种体制的调整提供了参考。

为进一步探索小麦品种对环境变化的高度适应性及遗传基础,解析小麦"春性"与"冬性"的转变和演化。研究人员通过分析春化基因 VRN-A1 拷贝数变异情况,发现小麦的祖先种,如野生四倍体、栽培四倍体完全是"春性"类型,而普通小麦中出现"冬性"突变和 VRN-A1 基因的拷贝数变异,继而呈现"冬性",即抗寒性强弱的变化。研究还发现,基因变异后拷贝数越高,品种抗冻害能力越强。但是与地方品种相比,现代品种中该基因拷贝数降低,推测这可能与最近 100 年气候变暖密切相关。这一发现揭示了小麦品种适应性的遗传基础，为未来小麦广适性育种提供理论指导。

研究人员同时发现了不同地区小麦品种籽粒硬度变化的演进规律。研究表明，小麦籽粒硬度受 Ha 基因控制，而该基因突变或丢失，品种籽粒就会变硬。在我国近 70 年人工选择和自然选择双重作用下，西北、华北小麦品种含 Ha 基因突变的频率显著高于东南、西南地区小麦品种，这与我国居民"北硬""南软"的饮食习惯密切相关，这一发现说明小麦品种既是生产要素，也是饮食文化的重要载体。

该研究构建了迄今为止规模最大、质量最高的小麦泛基因组，是一项里程碑式的进展，标志着我国小麦的基础研究逐步迈入世界领先水平。这一工作成功解读了小麦广泛环境适应性和品质形成背后的"基因密码"，所揭示的丰富结构变异反映了小麦基因组高度的可塑性。该研究是近年来作物学研究与大数据交叉融合攻关的范例，将推动我国作物种质资源的研究正式进入大数据时代，加速重要基因的挖掘与利用研究，研究成果也将为智能设计育种提供重要基因组支撑和理论指导。

（信息来源：中国农业科学院作物科学研究所）

国际团队揭示甘蓝类蔬菜驯化的"分子加速器"

近日，中国农业科学院联合荷兰瓦赫宁根大学构建了包含所有变种类型的甘蓝泛基因组，揭示了甘蓝变种快速驯化的隐藏驱动力，获得了一批重要性状的关键基因。研究成果 2 月 13 日在线发表于《自然-基因》（Nature Genetics）。

该研究首先利用 700 余份甘蓝野生种和覆盖所有变种材料的重测序数据构建系统发育树，发现甘蓝变种的形成主要有两条独立的进化路线。据此选取了 22 个代表性野生甘蓝和变种材料，利用 PacBio、Nanopore、Bionano 和 Hi-C 等测序技术，构建了染色体水平的高质量基因组，其序列连续性、着丝粒完整性等与已发表的甘蓝基因组相比显著提升。

研究发现，甘蓝变种的基因丢失或保留促进了其风味品质多样性的形成。基于 22 个新组装基因组和 5 个已发表的三代基因组，该研究构建了包含多个野生种和所有变种的甘蓝泛基因组图谱。研究还发现，SV 调控基因表达是甘蓝类蔬菜形态多样性进化的"分子加速器"。比较27个甘蓝基因组的序列差异，发现不同甘蓝变种基因组之间存在大量的结构变异（SV），它们通过调控相邻基因的表达剂量推进甘蓝变种多样性的形成。此外，该研究进一步构建了甘蓝的图形基因组，在700多份甘蓝群体材料中开展变种特异性驯化选择分析，挖掘到一批在不同变种中受到特异性驯化选择的SV及相关基因。

（信息来源：中国农业科学院作物科学研究所）

华大智造推出大规模农业基因组学产品Low-pass WGS

6月5—7日在深圳召开的2024年亚洲动植物基因组学大会（PAG Asia 2024）上，华大智造推出大规模农业基因组学Low-pass WGS全流程产品。

该产品主要服务于农业科研和育种应用，包含硬件、软件和试剂，涵盖"核酸提取-建库-测序-生物信息分析"流程，配备可组合的自动化方案，满足不同的通量需求。通过板式建库试剂盒搭配Low-pass WGS技术，能够实现畜禽基因组的大规模测序与高效分析，旨在为畜禽遗传改良和分子育种提供有力的工具支撑。

相较于传统芯片分型，该产品无须提前筛选育种相关信息位点、定制个性化芯片、设定最低订购量，即可获得接近全基因组范畴的位点数据，辅助育种计算模型的升级迭代，提升育种值测算准确率。同时，用户可选择非标定制方案，对接不同物种、通量、交付时效的需求。目前，该产品已提供部分物种的参考基因组集合，用户无须自行构建数据库就可以进行猪的基因分型，还可以为已拥有猪参考基因组集合的用户提供免费格式转换服务。

（信息来源：华大基因网站）

我国发布首个普通野生稻高通量优异基因发掘平台

近日，中国农业科学院作物科学研究所水稻优异种质资源创新利用创新团队首次组装了普通野生稻单体型无间隙染色体基因组，构建了野生稻种质资源优异基因发掘利用与种质创新的平台，并鉴定了关键的耐盐与抗稻瘟病基因。相关研究成果 5 月 29 日发表于《自然-通讯》(*Nature Communications*)。

这项研究报告了野生稻 Y476 的单体型解析无间隙基因组组装和注释。此外，以 Y476 为供体亲本、以栽培稻为轮回亲本开发了 2 组染色体片段置换系（CSSL）。通过分析无间隙参考基因组和 CSSL 群体，鉴定出 254 个与农艺性状、生物和非生物胁迫相关的 QTL。克隆了 1 个与水稻稻瘟病抗性相关的受体样激酶基因，并证实其野生稻等位基因可提高水稻稻瘟病抗性。该研究提供了 1 个单体型解析的无间隙参考基因组，并展示了 1 个从野生稻中识别基因的高效平台，为野生稻基因挖掘提供了高效平台，为稻种资源利用与品种遗传改良提供了先进工具。

（信息来源：中国农业科学院作物科学研究所）

我国科研团队揭示影响水稻籽粒长度的关键基因

近日，中国科学院合肥物质科学研究院吴跃进教授课题组发现了一个通过调节细胞增殖影响水稻籽粒长度的关键基因——*RGL2* 基因。这项发现为水稻高产育种提供了新的遗传资源。相关研究成果发表于《植物生理学》(*Physiologia Plantarum*)。

高产是水稻育种的主要目标之一，粒型（粒长、粒宽等）是影响产量的重要农艺性状。研究团队通过物理诱变获得了 1 个粒长变短而粒宽不变的 RGL2 突变体。细胞学分析发现，粒长变短主要是由于细胞数量的减少，而非细胞长度的变化。图位克隆和功能分析表明，RGL2 编码角蛋白相关蛋白（KAP），在幼穗中表达水平较高。过表达可显著增加粒长，并通过增加籽粒中的细胞增殖提高单株产量。此外，OsRGL2 与 RGB1 蛋白相互作用，表明它可能通过调控 G 蛋白信号通路来正向调节粒型与产量。研究还发现，RGL2 可能通过调节细胞周期来影响粒长。简单来说，RGL2 通过调节与细胞周期相关的基因促进细胞增殖，帮助水稻籽粒长得更长。这一发现不仅加深了对水稻粒型遗传机制的认识，也为水稻高产分子设计育种提供了新的策略和方向。

（信息来源：中国科学院合肥物质科学研究院）

我国全面绘制猪等位基因不平衡表达的时空特异性图谱

华南农业大学国家生猪种业工程技术研究中心/猪禽种业全国重点实验室吴珍芳教授课题组设计了中西方猪种正反交杂交配套实验，首次系统研究了猪等位基因特异性表达（Allele-specific expression，ASE）的时空特异性，揭示了猪在不同发育时期、不同组织中的亲本决定型（Parent-of-Origin Effect，POE）和等位基因型决定型（Allele Genotype Effect，AGE）两种 ASE 类型，鉴定了 174 个 POE 基因（其中 154 个为首次报道）和 394 个 AGE 基因（猪中首次系统报道），并绘制了猪不同发育阶段和不同组织特异性 ASE 图谱。发现在鉴定出的两类 ASE 基因中，POE 基因与基因组印记相关，在猪早期胚胎发育、疾病的易感性和免疫性、肌肉骨骼生长发育过程中起到关键的调控作用；而 AGE 基因被认为可能与杂交优势相关，可作为种猪杂交配套、基因组选配的重要参考依据。相关研究成果 7 月 3 日在线发表于《自然-通讯》（Nature Communications）。

（信息来源：华南农业大学）

我国完成基因组结构变异检测基准测试

中国科学院遗传与发育生物学研究所鲁非研究组选取异源六倍体面包小麦及其祖先供体为研究对象，利用 PacBio 高保真（HiFi）测序数据对三代测序比对算法和结构变异检测算法开展基准测试。相关研究成果 9 月 6 日发表于《植物学杂志》（The Plant Journal）。

研究结果显示，对于缺失变异，结构变异检测软件是检测准确性的主要影响因素，可解释准确性总方差的 87.73%；而对于插入变异，三代测序数据比对软件和结构变异检测软件对检测准确性均有较大贡献，总方差占比分别为 38.25% 和 49.32%。在三代数据比对软件中，Winnowmap2 和 NGMLR 分别适用于检测缺失变异和插入变异，而结构变异检测软件 SVIM 检测缺失变异和插入变异表现最佳。上述检测软件和比对软件的组合是目前小麦结构变异检测的最佳方法。同时，该研究证实了低覆盖度 PacBio HiFi 三代测序数据同样能够精准检测基因组结构变异。

这项研究提供了当前小麦基因组检测结构变异的最优分析流程，并证明了低覆盖度 PacBio HiFi 三代测序检测结构变异的能力，为大规模群体的结构变异研究提供了理论与技术支持。

（信息来源：中国科学院遗传与发育生物学研究所）

我国玉米近缘物种组学研究成果显著

大规模基因组变异是作物遗传学和育种的基础资源。中国农业大学玉米生物育种全国重点实验室、国家玉米改良中心宋伟彬团队对 1 904 个黍稷基因组进行了测序，平均测序深度为 40 倍，并构建了杂草和栽培种质的综合变异图谱。黍稷是最古老的栽培作物之一，其核苷酸多样性极低，连锁不平衡衰减速度极快。全基因组关联研究确定了 12 个农艺性状的 186 个基因座。许多致病候选基因，例如控制籽粒大小的 $PmGW8$ 基因和穗形的 $PmLG1$ 基因在驯化过程中表现出强烈的选择特征。杂草品种含有许多有益的谷物性状变异，而这些性状在栽培品种中基本消失。杂草和栽培黍稷采用不同的基因座控制开花时间，以实现区域适应性。这项研究揭示了黍稷独特的群体基因组特征，并为谷物育种提供了重要的种质和遗传资源。研究成果 4 月 24 日发表于《自然-遗传学》（Nature Genetics）。

（信息来源：中国农业大学）

研究构建水稻基因组倒位变异图谱

近日，中国农业科学院深圳农业基因组研究所联合国内多家单位发布了迄今为止最大的水稻群体水平倒位变异图谱，并挖掘获得了新的水稻耐热优异等位基因，该研究对水稻育种改良具有重要意义。相关研究成果 2023 年 12 月 29 日发表于《科学通报》（Science Bulletin）。

水稻中的基因组倒位变异是指染色体上的 DNA 序列发生断裂脱落后，颠倒 180°在断裂处重新连接导致的 DNA 序列改变的现象，在水稻群体中普遍存在。为了更好地探究倒位变异对水稻基因结构和基因功能的影响，科研人员对全球 377 份栽培稻和野生稻基因组中的倒位变异进行深度分析，发现参与逆境响应的基因明显集中于倒位之内或其周围，证实了倒位变异与水稻抗逆性之间紧密相联。研究进一步利用水稻基因组倒位变异图谱成功发掘获得了 1 个新的水稻耐热优异等位基因，该基因主要存在于大多数籼稻群体以及少量的粳稻群体之中，可用于下一步选育新的耐热水稻品种。该研究为充分挖掘水稻倒位变异的遗传潜力奠定了坚实的理论基础，为水稻分子育种和遗传改良提供了富有启发性和可行性的新途径。

（信息来源：中国农业科学院深圳农业基因组研究所）

研究揭示幼龄山羊瘤胃微生物耐药基因组变化特征

近日，中国农业科学院饲料研究所反刍动物营养与饲料创新团队揭示了幼龄山羊瘤胃微生物组及其抗生素耐药基因组变化规律，明确了日龄及日粮对耐药基因的影响机制，为通过营养策略控制耐药基因传播提供了新见解。相关研究成果发表于《微生物组》（*Microbiome*）。

反刍动物瘤胃微生物组可能是耐药基因的储存库，但其基本特征及影响因素仍不清楚。该研究利用宏基因组学分析了幼龄山羊瘤胃微生物组和耐药组图谱的基本特征。研究发现，山羊羔羊瘤胃微生物耐药基因组丰富度随年龄增长而降低；母乳可能是幼龄山羊瘤胃微生物耐药基因的重要来源。在随母哺乳期间发现了 4 种抗生素类型的耐药基因，主要载体为瘤胃大肠杆菌；在补充开食料后只观察到 1 种抗生素类型的耐药基因，与纤维降解相关的栖瘤胃普雷沃氏菌和产琥珀酸丝状杆菌成为抗生素耐药基因组的载体。该研究明确了生命早期阶段日龄和日粮影响瘤胃微生物耐药基因的机制，为通过早期营养干预来减少胃肠道耐药基因传播提供了 1 种可行的策略。

（信息来源：中国农业科学院饲料研究所）

中国科学家在单细胞水平揭示鸡性别决定的分子机制

近日，中国农业大学动物科学技术学院杨宁教授/孙从佼副教授团队与中国农业科学院深圳农业基因组研究所易国强研究员课题组在《前沿研究杂志》(*Journal of Advanced Research*) 在线发表了最新研究成果。其研究在单细胞水平系统揭示了鸡性别决定的分子机制，为性别控制技术的开发奠定了理论基础。

家禽的性腺性别取决于支持细胞谱系分化的方向，该研究通过对发育早期3.5天、4.5天和5.5天（E5.5）的雌性和雄性鸡胚胎性腺进行单核转录组测序（snRNA-seq）和染色质可及性测序（snATAC-seq），剖析了性别决定相关基因、顺式调控元件和转录因子等分子特征，明确了雌鸡和雄鸡性腺之间细胞组成和发育轨迹的差异，鉴定了驱动支持细胞谱系形成的特异性转录因子和调控网络，并揭示了性腺细胞中转录和染色质可及性的差异首先出现在E5.5。

在鸡性别决定过程中，雄性性腺发育调控网络优先激活。双潜能支持细胞（Supporting cell）拟时序分析结果显示，前颗粒细胞（Pre-granulosa）的分化主要受 *TEAD* 基因家族转录因子调控，而前支持细胞（Pre-Sertoli）的分化主要受 DMRT1 和 NR5A1 转录因子驱动。6种脊椎动物性腺细胞的跨物种比较分析揭示了鸟类和哺乳动物之间性腺细胞的保守性，常见的细胞谱系特异性转录因子均高度保守，为了解脊椎动物性腺发育的分子机制提供了宝贵的资源。该研究通过绘制鸡性别决定过程中胚胎性腺的单细胞转录和调控景观，为家禽发育生物学研究领域提供了一项开创性的工作，有助于更好地理解家禽性别决定的开关元件和表观遗传学因素，也为家禽性别控制技术的发展奠定了科学依据。

（信息来源：中国农业大学）

中国农业科学院牧医所提出最优的低覆盖全基因组测序填充策略

近日，中国农业科学院北京畜牧兽医研究所猪遗传育种科技创新团队提出了低覆盖全基因组测序数据的最优填充策略，并评估了填充后的全基因组测序数据的大白猪繁殖性状基因组预测准确性，为猪全基因组选择和复杂性状的遗传机制解析提供了重要参考。相关研究成果发表于《动物杂志》(Animal)。

该研究以具有低覆盖全基因组测序数据的 1 423 头大白猪群体为研究对象，选取该群体中遗传贡献最多的关键祖先个体进行高覆盖全基因组测序作为参考面板和混合填充的策略进行基因型填充，比较不同策略下的填充准确性，然后评估填充后的全基因组序列数据全基因组预测的效果和比较全基因组关联分析结果。

研究发现，以关键祖先个体的高覆盖全基因组测序数据作为参考面板来填充低覆盖测序数据是一种最优的策略，可以获得最高的填充准确性，同时发现采用最优策略获得的全基因组数据相比于芯片数据对大白猪繁殖性状基因组预测的准确性提高了 0.31%~1.04%，同时还能提高全基因组关联分析的统计效力。研究还鉴定到影响猪繁殖性状相关的遗传位点及其相关候选基因。

（信息来源：中国农业科学院北京畜牧兽医研究所）

猪基因型-组织表达计划取得新进展

近日，由丹麦奥胡斯大学、华南农业大学、中国农业科学院、美国农业部、马里兰大学、爱丁堡大学等多家机构联合发起的猪基因型-组织表达计划（PigGTEx）取得阶段性进展，成功构建了猪基因型-组织表达图谱。相关研究结果 1 月 4 日发表于《自然-遗传学》(Nature Genetics)。

为了使猪、牛、鸡等家畜实现生物学驱动的选择育种，就需要对动物中的遗传变异和基因进行注释。农场动物 GTEx（FarmGTEx）项目的启动旨在建立牲畜中遗传调控变异的功能资源。其中，PigGTEx 是专门针对猪的研究，旨在为猪提供组织特异性基因表达和遗传调控的全面解析。研究团队通过统一分析公开可用的数据，构建猪转录组中遗传调控变异的基线。该项目为人类发育 GTEx 项目提供了宝贵的资源，促进了比较基因组学研究，突出猪作为某些人类疾病的重要生物医学研究模型。

该研究汇集了来自公共数据库和联盟成员的测序数据，包括来自 34 个组织的 5 457 个 RNA-seq 数据，以及 1 602 个全基因组重测序数据。通过不同组织间的比较，评估了遗传调控的组织特异性，并使用多组学的数据阐明了其中作用的分子机制，对 207 种复杂表型的 QTL 进行了定位，为猪的基因组选择和基因编辑育种提供重要依据。最后与人类进行比较，证明了猪和人在复杂表型背后的遗传调控方面的相似性，阐明了猪可以作为人类生物模型的重要性。

（信息来源：丹麦奥胡斯大学）

猪基因组结构变异图谱绘制成功

近日，中国农业科学院深圳农业基因组研究所动物功能基因组学创新团队构建了迄今为止最全面的猪基因组结构变异图谱。相关研究成果发表于《基因组生物学》(*Genome Biology*)。

研究人员收集了全球 101 个猪品种，共 1 060 头猪的基因组测序数据，构建了猪基因组的全面结构变异图谱，鉴定到数百万个结构变异事件。利用欧洲和亚洲猪品种之间的结构变异重建了品种的祖先和杂交过程，解析了结构变异对基因表达、功能元件和经济性状的影响。该研究为猪的品种改良奠定了理论基础。该研究获得国家重点研发计划、国家自然科学基金等项目的支持。

（信息来源：中国农业科学院深圳农业基因组研究所）

美国发现培育耐高温牛的重要基因

高温是粮食安全的主要威胁。牛通过汗液散发大约 85% 的体热，高温会影响牛的生长、生产和繁殖。美国肉牛产业每年因热应激引起的产量下降造成约 3.69 亿美元损失。

美国佛罗里达大学食品与农业科学研究所识别出牛品种中能够产生出汗多的耐热后代的基因。该研究由美国农业部国家食品和农业研究所资助。相关研究成果发表于《动物科学与生物技术杂志》(*Animal Science and Biotech-*

nology）。

这项研究调查了佛罗里达州两个牧场的 2 400 头布兰格斯牛。皮肤活检帮助研究人员确定了有助于动物应对热应激的表型。科学家对所有动物进行基因分型，并使用软件估算遗传参数。研究发现，出汗能力的变异是可遗传的，因此养殖户可以根据基因标记选择出汗能力更强的牛，培育出能够耐受更热气候且维持生长和繁殖的牛群。

（信息来源：美国佛罗里达大学）

新研究在玉米耐热性机制方面取得进展

温度决定植物的地理分布和行为。了解植物热应激反应的调控机制对于开发包括玉米在内的气候适应作物非常重要。为鉴定玉米核心耐热转录因子，中国科学院植物研究所研究员张梅团队构建了热胁迫转录组图谱，并生成自交系 B73 热处理时间过程后的短期和长期转录组变化的数据集。共表达网络分析揭示了 HSF 和 ERF 家族显著富集在"热响应"类别的模块中，进一步鉴定到核心热激转录因子 ZmHSF20，提出了以 ZmHSF20 为核心的玉米高温胁迫响应模型。该研究阐明 ZmHSF20-ZmHSF4-ZmCesA2 协同调控玉米耐热性的机制，揭示了纤维素合成和耐热性之间的关系，为提高玉米耐热性提供了基因资源，为创制耐性品种提供了新途径。相关研究成果 4 月 4 日发表于《植物细胞》（*The Plant Cell*）。

（信息来源：中国科学院植物研究所）

中国科研人员发现大豆抗旱性调控的重要基因

近期，中国科学院遗传与发育生物学研究所的科研人员对 584 份大豆种质资源进行了田间抗旱表型鉴定，利用株高、产量和生物量计算大豆田间抗旱指数，并对该表型进行全基因组关联分析挖掘大豆抗旱基因。

科研人员在 16 号染色体上鉴定到与抗旱指数显著关联的信号。分析表明，含有非同义突变 SNP 的过氧化物酶是该基因组中偶然出现的基因，非同义突变导致两种 GmPrx16 单体型之间的过氧化物酶活性差异。过表达 *GmPrx16* 可以提高过氧化物酶活性，增强大豆的抗旱性；但 GmPrx16 RNAi 转基因株系降低了过氧化物酶活性，并表现出干旱敏感表型。该研究发现了 *GmPrx16* 基因是在大豆自然群体中控制大豆抗旱性的关键基因，同时阐明了 *GmPrx16* 调控大豆抗旱性的分子机制，为大豆抗旱分子设计育种提供了重要理论依据。相关研究成果发表于《植物生物技术杂志》(*Plant Biotechnology Journal*)。

（信息来源：中国科学院遗传与发育生物学研究所）

研究发现调控棉花产量和纤维品质的关键基因

近日，中国农业科学院棉花研究所棉花优质育种创新团队鉴定到参与调控棉花产量和纤维品质的关键基因，进一步阐释了陆地棉纤维品质和产量相关性状间负相关的遗传基础，为棉花多性状协同改良奠定了理论基础。相关研究 12 月 6 日发表于《前沿研究杂志》(*Journal of Advanced Research*)。

陆地棉是棉花四大栽培种之一，是世界上第一大天然纤维作物。协同改良陆地棉产量和纤维品质，是棉花育种的重要目标。因此，解析陆地棉纤维品质和产量相关性状间负相关的遗传基础，发掘关键基因具有重要意义。

该研究利用陆地棉重组自交系群体，挖掘发现了可以同时调控纤维品质和产量性状形成的关键基因 *GH_D07G2262*，并进行了功能验证。结果表明，该基因可以正向调控纤维强度的形成，而负向调控棉花产量指标衣分的形成，进一步解析了陆地棉纤维品质和产量相关性状间负相关的遗传基础。研究结果为厘清陆地棉多性状间复杂遗传关系提供了新见解。

（信息来源：中国农业科学院棉花研究所）

研究发现拓展水稻籽粒大小新机制

近日，中国农业科学院生物技术研究所作物高光效功能基因组创新团队揭示了 Hippo 信号通路联合介体激酶模块调控水稻籽粒大小的新机制，相关研究成果发表于《植物细胞》(The Plant Cell)。

籽粒大小是决定水稻产量的一个重要因素。Hippo信号通路在细胞的生长、死亡、分化和组织形态的调控中起着关键作用。而介体激酶模块是调控真核生物基因表达的重要组成部分。一直以来，科学家们对Hippo信号通路与介体激酶模块之间的关系，以及它们如何影响水稻籽粒大小的具体机制还不清楚。

该研究发现，Hippo信号通路的核心组分与其激活因子可以形成1个激酶复合体，能够正向调控水稻籽粒的大小。研究还发现，这个激酶复合体通过对介体激酶模块中1种细胞周期蛋白进行磷酸化，从而促进水稻籽粒的增大。该研究首次揭示了Hippo信号通路和介体激酶模块与水稻产量之间的联系，为培育高产水稻提供了新的理论基础和基因资源。

（信息来源：中国农业科学院生物技术研究所）

中国农业大学研究团队发现玉米"智慧株型"基因

中国农业大学田丰课题组和李继刚课题组首次在玉米中鉴定到"智慧株型"基因 $lac1$，揭示了光信号动态调控 $lac1$ 促使玉米适应密植的分子机制，建立了"一步成系"的单倍体诱导编辑技术体系。相关研究成果6月12日在线发表于《自然》(Nature)。

该研究建立了以HI3为代表的单倍体诱导系遗传转化体系，实现了基因编辑载体直接转化单倍体诱导系、当代诱导编辑的"一步成系"目标。利用携带 $lac1$ 编辑载体的单倍体诱导系成功实现了对20个自交系 $lac1$ 基因的定向修饰，单倍体纯合编辑效率达到6.8%，获得的双单倍体（DH）编辑系表现出类似 $lac1$ 的智慧株型特征，改良后的商业杂交种亲本OSL476具有显著的密植增产效应。"一步成系"单倍体诱导编辑技术体系的建立为商业品种快速定向修饰、多性状协同改良、野生种从头驯化等提供了强大工具。

（信息来源：中国农业大学）

作科所发现调控大豆耐阴性和产量的关键基因

中国农业科学院作物科学研究所联合多家单位定位了调控大豆株高的关键基因 *PH13*，揭示了其优异单体型在高纬度地区品种选育中的重要作用及分子机制，明确了 *PH13* 及其同源基因在改良大豆株高和耐阴性方面的重要应用价值。相关研究成果 10 月 26 日在线发表于《自然-通讯》(*Nature Communications*)。

该研究定位了一个调控大豆株高的主效基因 *PH13*，其编码蛋白与 GmCOP1 互作来降解 STF 转录因子，从而促进茎秆伸长。该基因在自然群体中有 3 种主要单体型，其中 PH13H3 单体型编码部分功能缺失的 PH13 蛋白与 GmCOP1 互作减弱，导致 STF 蛋白积累从而降低大豆株高。驯化分析发现 PH13H3 单体型所占比例由地方品种的 1.4% 上升至栽培品种的 32.7%，尤其是在高纬度地区品种改良过程中被育种家广泛利用。研究团队以中低纬度品种 TL1 为亲本，利用基因编辑技术对 PH13 及其直系同源基因 PHP 进行敲除，创建了突变体株系。田间测试表明该突变体在各种植密度下株高均保持恒定且无倒伏出现，产量显著提高，为南豆北移提供了新的途径。

(信息来源：中国农业科学院)

作科所解析大豆花期调控关键基因的遗传效应

中国农业科学院作物科学研究所大豆育种技术创新与新品种选育团队与先正达生物科技（中国）有限公司合作揭示了 FT 同源基因 *GmFT5b* 参与调控大豆开花的作用机制及其影响大豆品种区域适应性的遗传效应。相关研究成果 2023 年 10 月 13 日发表于《植物细胞和环境》(*Plant, Cell & Environment*)。

大豆是短日照作物，对光周期敏感。光周期调控开花期反应直接影响大豆品种的区域适应性及产量。大豆开花受到诸多光周期基因的调控，其中光周期基因 FT 是开花信号途径的整合因子，直接影响大豆的开花和生育期。大豆基因组复杂，拥有至少 11 个 FT 同源基因，但对这些 FT 基因的遗传效应及其相互调控作用的理解还非常有限，诸如开花抑制因子 E1 等与 FT 基因的互作关系也不清楚。加深对大豆光周期调控途径重要基因的理解，培育光周期反应相对钝感的种质材料，对拓展大豆品种的区域适应性、提高产量具有重要的意义。

研究结果显示，$GmFT5b$ 是调控大豆开花的关键基因，影响大豆品种的生态适应性。$GmFT5b$ 对光周期反应敏感，过量表达 $GmFT5b$ 大豆材料在不同光周期下均显著早花；基因编辑敲除 $GmFT5b$ 大豆突变体在长日照条件下表现显著晚花。过量表达或敲除 $GmFT5b$ 后显著影响了大豆下游开花相关基因的表达谱。对 160 份大豆种质进行关联分析显示，$GmFT5b$ 的自然变异影响了大豆品种的开花、成熟及地理分布。豆科特异开花抑制因子 E1 对 $GmFT5b$ 具有上位性效应，强烈抑制 $GmFT5b$，$GmFT5b$ 可能在 E1 效应的基础上进一步影响大豆品种的区域适应性。该研究为大豆广适性分子育种提供了新的靶标基因和种质材料。

（信息来源：中国农业科学院作物科学研究所）

利用关键基因负向调控水稻种子休眠

近日，中国水稻研究所胡培松院士团队在强休眠的 AUS 稻孟加拉小粒中克隆到了调控水稻种子休眠的关键基因 $SDR3.1$，进一步将它导入优质恢复系中恢 261 中，创制了穗发芽显著改善的中恢 261 新种质，为避免穗发芽，提高水稻产量和品质提供了重要参考。相关研究结果发表于《自然-通讯》（Nature Communications）。

我国长江流域的高温高湿环境容易导致水稻收获前发生穗发芽，给农业生产带来极大的损失。种子的休眠状态能够有效避免穗发芽的发生，但在长期的遗传驯化进程中，水稻种子的休眠能力已基本丧失。研究表明，$SDR3.1$ 基因负向调控植物逆境激素脱落酸信号，通过互作，抑制其转录激活活性，从而降低下游植物逆境激素脱落酸信号响应基因的表达，最终导致种子休眠率降低。因此，通过负向调节 $SDR3.1$ 基因，可以有效提高种子休眠能力，避免穗发芽。

（信息来源：中国水稻研究所）

我国解析玉米籽粒脱水机制

华中农业大学严建兵教授团队的研究首次揭示了玉米籽粒脱水的分子机制,研究鉴定到 1 个影响籽粒脱水的小肽 microRPG1,是玉米及其近缘种中特有的一种仅编码 31 个氨基酸的新型小肽,由非编码序列起源,通过精确调节乙烯信号通路关键基因的表达来控制籽粒脱水。该研究为快脱水宜机收玉米培育奠定重要基础。相关成果 11 月 12 日在线发表于《细胞》(*Cell*)。

籽粒脱水率(KDR)是影响玉米机械化收割和籽粒质量的关键生产性状,但其作用的根本机制仍不清楚。这项研究鉴定了 1 个数量性状基因座(QTL),即 qKDR1,它是一个调控 qKDR1 调节肽基因(RPG)表达的非编码序列。RPG 在玉米基因组中尚未被注释,是 1 个全新的基因。研究团队通过多种技术共同证明了 RPG 通过编码 1 个由 31 个氨基酸组成的小肽(microRPG1)发挥功能。敲除 microRPG1 可加快脱水速率,超表达则显著降低脱水速率。进一步研究发现 microRPG1 可能通过调控乙烯信号途径中的关键基因 *ZmEIL1* 和 *ZmEIL3* 的表达而影响脱水。RPG 在授粉后 26 天的籽粒中表达,在 38 天达到最高,此时玉米籽粒灌浆基本结束,调控乙烯的表达可以促进籽粒的快速脱水,而又不影响产量,实现了产量和脱水的平衡。这一发现也为下一步籽粒脱水的精准调控提供了新思路。

适合机械化收获的玉米籽粒含水量要求在 15%~25%,但我国大多数玉米品种在收获时的含水量通常在 30%~40%。多年多点的试验表明,敲除 microRPG1 可使收获时的籽粒含水量下降 2%~17%,平均下降 7%,同时其他农艺和产量性状没有明显的变化。研究团队分析了数百份具有代表性的玉米种质材料,发现几乎所有的材料都存在 *RPG* 基因,意味着操纵 *RPG* 来改变籽粒脱水速率培育宜机收的品种具有巨大的应用潜力。据悉,团队围绕玉米籽粒脱水的精准调控已经布局多个专利,并授权相关企业开展商业化应用,目前已经取得良好进展。

(信息来源:华中农业大学)

我国首次发现再生因子调控植物组织修复和器官再生

中国科学院遗传与发育生物学研究所李传友研究组首次鉴定到诱发植物再生的原初受伤信号分子——再生因子 REF1（Regeneration Factor 1），并系统揭示了 REF1 调控组织修复和器官再生的信号转导网络，同时证明了 REF1 在植物转基因、基因编辑领域的巨大应用价值。相关研究成果 5 月 22 日发表于《细胞》(Cell)。

研究从分析实验室积累的防御缺陷突变体入手，鉴定到防御和再生两个方面同时发生缺陷的番茄突变体 SPR9。基因克隆结果表明，敲除 SPR9 使番茄丧失了受伤诱导的愈伤组织形成能力和器官再生能力，而过表达 SPR9 可显著提高番茄的再生能力。此外，外源施加 SPR9 编码的小肽也可以显著提高番茄的再生能力。因此将该小肽重新命名为再生因子 REF1。REF1 以"植物细胞因子"的作用方式调控再生过程。此外，外施 REF1 不仅可以显著提高番茄（包括一些难以转化的野生番茄）的再生能力和遗传转化效率，还可以大幅度提高大豆、小麦和玉米等公认难以转化作物的再生能力和遗传转化效率。相关方法已申请国际 PCT 专利。

该研究是对植物受伤反应机理的重要发展，不仅找到了诱发植物再生的原初受伤信号分子 REF1，还为育种实践中解决作物遗传转化效率低、物种和基因型依赖严重等瓶颈问题提供了便捷普适的方案。

（信息来源：中国科学院遗传与发育生物学研究所）

新研究揭示 TT-SCE1 模块调控水稻耐热性的分子机理

近日，中国科学院分子植物科学卓越创新中心林鸿宣研究组鉴定到一个 TT1 的关键下游调控因子 SCE1，揭示了泛素化和 SUMO 化修饰共同调控水稻耐热性的新机制，明确了高温胁迫下的 SUMO 化修饰模式、小热激蛋白与水稻耐热性之间的联系，为作物耐高温性状的遗传改良及分子设计育种提供了新的基因资源，对作物耐高温性状的遗传改良具有重要意义。相关研究成果

11月16日在线发表于《分子植物》(*Molecular Plant*)。

该研究通过体内体外等方法鉴定到 1 个与 TT1 互作的关键蛋白 SCE1。SCE1 编码 1 个 SUMO 结合酶，并作为 TT1 的下游组分调控水稻耐热性。转基因遗传实验表明，SCE1 是水稻高温耐受性的负调控因子。高温胁迫下，TT1 可促进泛素化的 SCE1 靶向 26S 蛋白酶体降解，使得 SCE1 蛋白丰度下降，从而增强水稻的耐热性。研究表明，SCE1 是重要的作物耐热性基因资源，并可通过基因编辑技术实现作物的耐高温遗传改良。

研究发现，SCE1 在 TT1 介导的耐热调控途径中具有关键作用，而 SCE1 通过调节 sHSP 蛋白的丰度和 SUMO 化修饰而调控耐热性。该研究阐明了高温下 TT1-SCE1 模块调控水稻耐热性的分子机理，拓宽了科学家对 SUMO 化修饰和植物耐热性机制的认知，为培育高耐热性作物提供了新策略。

（信息来源：中国科学院分子植物科学卓越创新中心）

新研究揭示弱蓝光诱导叶片衰老的分子机制

中国农业科学院作物科学研究所作物生物信息学及应用创新团队揭示了弱蓝光遮阴信号诱导大豆叶片衰老的分子机制，创制了具有抗叶片衰老特性的耐阴突变体，为培育耐密高产大豆新品种提供了育种新材料。相关研究成果 1 月 27 日在线发表于《自然-通讯》(*Nature Communications*)。

叶片衰老受叶龄、植物激素等内源性因素和光照、温度、压力等外源性条件共同调节。遮阴、干旱、病虫害等不良环境均可能导致叶片早衰，严重影响作物光合效率和营养再分配，从而降低产量。虽有线索表明密植或套种环境下遮阴会加速大豆叶片衰老并造成减产，但植物如何精确感知遮阴信号并调控叶片衰老的具体机制尚不清晰。

研究团队发现，远红光和弱蓝光通过不同途径调控大豆叶片衰老，而两者叠加更会加速这一衰老进程，且在弱蓝光诱导叶片衰老过程中，大豆中蓝光受体隐花色素发挥主要作用。进一步研究表明，激活状态下的隐花色素能够与蛋白 GmRGAa 和 GmRGAb 相互作用并维持其蛋白稳定性，从而靶向抑制衰老相关基因 *GmWRKY100*，延缓叶片衰老进程。反之，在弱蓝光环境下，GmRGAa 和 GmRGAb 蛋白水平下降，*GmWRKY100* 表达量增加，进而促进大豆叶片衰老。研究团队以天隆一号为亲本，敲除了 *GmWRKY100* 基因，构建了具有抗叶片衰老特性的耐阴突变体株系。在北京地区的田间试验显示，突变体的底部叶片衰老明显延迟，并且显著提高了大豆产量。该研究为开发适合密植的高产大豆新品种提供了理论基础、新基因资源和育种新材料。

（信息来源：中国农业科学院作物科学研究所）

研究人员揭示玉米 ZmLecRK-ZmBAK 模块的广谱抗病分子机制

近日，中国农业大学植物保护学院朱旺升团队基于玉米全基因组关联分析获得贡献玉米腐霉茎腐病、纹枯病和小斑病抗性的广谱抗病基因 *ZmLecRK1*。相关研究成果 9 月 19 日在线发表于《分子植物》（*Molecular Plant*）。

玉米是我国主要粮饲油兼用作物，但是在生长过程中往往同时受到多种病原菌侵染，例如腐霉菌和镰刀菌单独或复合侵染导致玉米茎腐病，立枯丝核菌侵染导致玉米纹枯病，玉蜀黍平脐蠕孢菌侵染导致玉米小斑病等，导致品质及产量严重下降。因此，挖掘新的广谱抗病基因并解析其分子功能对抗病育种和品种遗传改良至关重要。

该研究鉴定了 1 个玉米广谱抗病基因 *ZmLecRK1*，其编码蛋白与共受体 ZmBAK1 形成复合体促发下游免疫反应，并且鉴定了决定该抗病基因功能的自然变异位点，该位点可以影响 *ZmLecRK1* 与共受体 ZmBAK1 形成复合体的能力，为通过碱基编辑精确靶标该位点来调节 *ZmLecRK1* 及其同源蛋白的功能、培育作物抗病品种提供了重要理论基础。

（信息来源：中国农业大学植物保护学院）

生物技术

基因编辑

HRB 首次从基因编辑单细胞中再生草莓，实现 CRISPR 重大突破

总部位于荷兰瓦赫宁根的 Hudson River Biotechnology（HRB）公司，于近日宣布了一项里程碑式的成就：通过使用其专有的 CRISPR 操作技术（TiGER），在全球范围内首次成功地从基因编辑的单细胞中再生出草莓植株。

草莓的 8 组染色体增加了传统育种在实现正确性状组合方面的难度。HRB 公司的 TiGER 解决方案不仅能够从单个基因编辑的细胞中成功生成新的植物品种，还能通过对数千种再生条件进行自动筛选，准确确定每种作物/品种的正确遗传组合，该技术具有可扩展性和高效性。最终能够迅速引入不同作物的优良性状，并将新品种迅速推向市场。TiGER 不仅应用到基因编辑技术，更是一种能够自动筛选和准确确定遗传组合的综合性解决方案。

将 TiGER 技术首次成功应用于草莓，为快速改善水果风味、提升营养价值、改进浆果作物的育种栽培和实现可持续性提供了新的可能。

（信息来源：Hudson River Biotechnology 网站）

澳大利亚开发新型精准基因编辑工具 SeekRNA

澳大利亚悉尼大学的科学家开发了新型基因编辑工具 SeekRNA，其准确性高、灵活性强，可以直接识别基因序列中的插入位点，从而简化编辑过程并减少错误，有望为健康、农业和生物技术的进步作出贡献。相关研究结果 6 月 19 日发表于《自然-通讯》（*Nature Communications*）。

研究人员指出，CRISPR 的工作原理是在目标 DNA 的两条链上制造断裂，然后借助其他蛋白或 DNA 修复机制插入新 DNA 序列，这可能会产生错误。SeekRNA 能够在不使用任何其他蛋白的情况下，精确切割目标位点并插入新 DNA 序列。这使其相对 CRISPR 更加精确可靠，减少了潜在错误。SeekRNA

源于天然插入序列家族 IS1111 和 IS110。大多数插入序列蛋白很少有或没有靶标选择性，但这些家族的成员具有很高的靶标特异性。利用这一特性，SeekRNA 可以被修改为针对任何基因组序列，并以精确方式插入新 DNA。

（信息来源：澳大利亚悉尼大学）

拜耳开展大豆靶向和脱靶基因编辑的遗传性研究

近日，拜耳作物科学公司的研究人员发布了首次全面探索大豆靶向和脱靶基因编辑的遗传性的结果。研究小组分析了使用 LbCas12a 构建体和 CRISPR RNA（crRNA）产生的约 700 株 T_1 植物。研究结果表明，在 T_0 植物中观察到的约 80% 的靶向编辑在 T_1 代中得到遗传，而在 T_1 中观察到的总靶向编辑中约 49% 在 T_0 代中未观察到。这表明 LbCas12a 活性在植物的整个生命周期中持续存在。

此外，研究还发现，与靶向编辑相比，脱靶位点的编辑表现出较低的遗传率，这可能表明它们发生在植物生命周期的后期。研究结果证实，有效的 crRNA 选择可以减少或消除脱靶编辑。即使在预测到潜在脱靶位点的情况下，仍可以识别和培育仅具有预期编辑的植物。相关研究成果 8 月 16 日发表于《植物指南》（*Plant Direct*）。

（信息来源：ISAAA 网站）

比利时开发新工具提高大规模基因组编辑效率

比利时 VIB-UGent 植物系统生物学中心的 Thomas Jacobs 实验室开发出可以一次突变数十、数百甚至数千个基因的方法，旨在提高可遗传种系多重突变的效率，并显著降低植物大规模基因组编辑项目的复杂性和成本。研究结果发表于《植物学杂志》（*The Plant Journal*）。

在这项工作中，该团队专注 CRISPR/Cas9 载体设计的两个关键方面即驱动 Cas9 表达的启动子和引导蛋白质进入细胞核的核定位信号（NLS）。通过对数千株拟南芥植物进行基因分型，发现使用 RPS5A 启动子表达 Cas9 可获得最高的突变率，而将 Cas9 蛋白与二分 NLS 连接是产生种系突变的最有效配置。将这两个元素结合起来可以获得最高的多重编辑效率，99%的作物至少携带 1 个敲除突变，超过 80%的作物携带 4~7 个突变。使用之前的载体，寻找 20 个基因的所有双敲除 CRISPR 筛选需要约 1.8 万株植物；使用新载体，则只需要约 3 000 株植物。这些优化将有助于在拟南芥种系中产生更高阶的敲除，并且可能也适用于其他 CRISPR 系统。

（信息来源：佛兰德生物技术研究所）

德国实现 CRISPR/Cas 突破，成功将大基因片段稳定插入植物 DNA

基于对基因编辑方法 CRISPR/Cas 的优化，德国莱布尼茨植物生物化学研究所（IPB）的科学家首次成功将大基因片段高效、稳定、精确地插入高等植物的 DNA 中。通过为 CRISPR/Cas 配备核酸外切酶实现的完美基因插入事件比单独使用 CRISPR/Cas 效率提高了 38 倍。该方法可为植物育种研究和应用节省大量时间并增强植物育种效果。相关研究成果 4 月 24 日发表于《分子植物》(*Molecular Plant*)。

核酸外切酶可以改变基因剪刀产生的 DNA 切割位点，使细胞内部修复酶无法再识别和修复 DNA 损伤。因此，由 CRISPR/Cas 插入的 DNA 片段将有足够的时间通过另一种非常精确的细胞修复机制将自身整合到正确位置。在核酸外切酶的帮助下，在拟南芥中成功敲入稳定（即可遗传的）基因的概率增加了 10 倍；在小麦中超过 1%的子代成功实现了基因的引入。

（信息来源：德国莱布尼茨植物生物化学研究所）

甘蓝型油菜工业化基因编辑研究进展

生物技术公司 Cibus, Inc.（法国生物制药公司 Cellectis 的全资子公司）近期在油菜育种方面取得突破性进展，通过工业化基因编辑（industrialized gene editing, IGE）提高了甘蓝型油菜的油酸含量，减少了豆荚破碎。相关成果 2023

年11月19日发表于《国际植物生物学杂志》(International Journal of Plant Biology)。

工业化基因编辑的概念涵盖了先进的大规模基因编辑和细胞生物技术的应用。这项研究在IGE中使用单细胞方法从油菜籽的优良品种中分离原生质体，并将GRON（化学保护的DNA模板）和核酸酶试剂传递到这些单细胞中，以协调1个或多个靶向的碱基变化，从而可以同时编辑4~8个LOF等位基因，以获得两个重要的商业相关性状：高油酸含量和减少豆荚破碎。研究结果显示，4个 *BnaFAD2* 基因与油分含量有关，8个 *BnaSHP* 基因与豆荚破碎性状有关。在携带4个 *BnaFAD2* 基因功能缺失的编辑植株中，种子脂肪酸油酸含量达到89%，而未编辑野生型对照为61%。与野生型对照相比，携带8个编辑过的 *BnaSHP* 基因的植株在目标环境下的多年田间试验中，荚果破碎率降低了51%。

（信息来源：Cibus网站）

华中农大开发出新型植物RNA甲基化编辑工具

华中农业大学棉花遗传改良团队开发出基于CRISPR/dCas13（Rx）的新型植物RNA甲基化编辑工具。研究成果9月4日在线发表于《前沿科学》(Advanced Science)。

研究团队将无RNA剪切活性的dCas13（Rx）作为靶向RNA的锚定蛋白，分别与甲基转移酶GhMTA或去甲基转移酶GhALKBH10结合起来，开发出可编程的m6A编辑工具。基于系列研究，该团队提出了1个完整m6A编辑平台的工作模型，以研究与作物产量、品质和抗逆性相关的特定m6A修饰位点的功能。首先利用单碱基分辨率的高通量测序技术，确定可能在植物生长、发育或抗逆过程中具有关键生物学功能的特定m6A位点。随后，m6A编辑工具在设计的gRNA引导下增加或降低特定的m6A修饰水平。获得经m6A编辑的突变体，并通过多代鉴定其表型，筛选出具有更好农艺性状的"理想植物"。

（信息来源：华中农业大学）

科迪华与 Pairwise 联手加速基因编辑技术推广

9月17日，科迪华农业科技公司（Corteva）和农业技术公司 Pairwise 宣布合作，Corteva 将投资 2500 万美元收购 Pairwise 股权，该战略合作还将成立合资企业（合作期限5年），通过 Pairwise 的 Fulcrum™ 平台加速和扩大基因编辑技术的推广和基因编辑产品的交付。

Pairwise Fulcrum™ 平台包括其专有的基因编辑工具，不仅可以打开或关闭植物性状特征，还可以通过碱基编辑和相关技术进行"调整"，以找到其最佳性能点。Pairwise 的新型编辑工具使科学家能够精确地调整各种遗传变异，从而比仅通过传统育种更快、更有效地开发出新的、独特的植物品种。Pairwise 去年在北美推出了首款 CRISPR 食品，并在包括玉米、大豆、小麦、油菜籽、黑莓等在内的多种作物上开发了多个基因编辑产品。

（信息来源：科迪华农业科技公司）

美国、丹麦科学家开发出针对米曲霉的基因编辑工具包

米曲霉是一种用于发酵食品、蛋白质生产和肉类替代品的食用真菌。其基因改造与其他丝状真菌一起，在提高真菌食品的可扩展性、感官吸引力和营养价值方面表现出巨大的潜力。目前，该研究领域的遗传工具和应用范例有限。来自美国加州大学和丹麦技术大学等机构的科学家联合开发了一个针对米曲霉的模块化基因编辑工具包，该工具包包括可实现有效基因整合的基因编辑方法（CRISPR-Cas9）、用于靶向基因插入的中性基因座和可调启动子。

研究团队使用这些工具提高了可食用生物质中营养物质麦角硫因以及风味和颜色分子血红素的细胞内水平。过量生产血红素的菌株呈红色，只需较少加工即可轻松配制成仿肉饼。这些创制凸显了合成生物学在开发真菌食品方面的前景，并为食品生产及其他领域的应用提供有用的遗传工具。相关研究成果3月14日发表于《自然-通讯》（Nature Communications）。

（信息来源：ISAAA 网站）

美国开发 TATSI 技术，实现高效植物基因组工程

美国唐纳德·丹佛斯植物科学中心的研究介绍了 1 种名为 TATSI（转座酶辅助靶位整合）的技术，该技术可以使用转座因子将定制 DNA 整合到植物基因组中的特定位点。相关研究成果于近日发表于《自然》（Nature）。

现代作物改良的关键瓶颈是外来 DNA 整合到植物基因组中的频率低且容易出错，这阻碍了作物改良中对基因组编辑方法的应用。CRISPR/Cas 系统可以像剪刀一样切割基因组，并对 DNA 进行特定位点的改变，但目前缺乏在编辑位点准确高效地添加定制 DNA 的可靠方法。TATSI 技术利用转座因子的分子"胶水"特性，与 CRISPR/Cas 结合，提供定制的"剪切—粘贴"基因组编辑。这种"剪刀+胶水"的组合使植物基因组中靶向 DNA 整合的速度提高了 1 个数量级，允许通过添加重要性状（如抗病毒性、提高营养水平或改善油脂成分）对植物进行定制改良。

（信息来源：EurekAlert! 网站）

日本科学家推动基因编辑工具"prime editor"的开发

东京大学的一项研究确定了基因编辑工具"prime editor"（先导编辑器）各种过程的三维结构。基于这些结构的功能分析还揭示了"prime editor"如何能够在不"切割"双螺旋链的情况下，将 RNA 转化为 DNA。阐明这些分子机制有助于设计精确的基因编辑工具，应用于基因治疗。研究结果 5 月 29 日发表于《自然》（Nature）。

利用低温电子显微镜的成像技术，研究人员在目标 DNA 逆转录过程中成功确定了先导编辑器复合体的三维结构。这些结构揭示了逆转录酶与 RNA-DNA 复合物的结合。在进行逆转录时，逆转录酶保持了其相对于 Cas9 蛋白的位置。结构和生化分析也表明逆转录酶可能导致额外的、不必要的插入。这些发现为基础研究和应用研究开辟了新的途径。这项研究也可以应用于由不同 Cas9 蛋白和逆转录酶组成的 prime editors，新获得的结构信息将有望促进

prime editors 的开发和改良。

(信息来源：日本东京大学)

我国利用新型引导编辑系统高效实现水稻内源基因精准标记

近日，中国农业科学院植物保护研究所抗病虫作物生态安全评价与利用创新团队利用CRISPR/Cas核酸酶衍生的引导编辑系统实现了水稻内源基因高效精准标记。相关研究成果发表于《植物细胞》(The Plant Cell)。

标签蛋白有助于研究蛋白质互作、信号通路和分子机制，广泛应用于分子生物学、细胞生物学等。相较于传统方法可能导致的外源标签蛋白过量表达问题，基因编辑技术介导的内源基因标记更能准确反映其生理和生化功能。该研究使用SpCas9核酸酶衍生的引导编辑系统，探索了非同源末端连接和微同源末端连接这两种DNA修复途径在水稻内源基因精准标记中的潜力。

研究结果表明，核酸酶和微同源末端连接介导的引导编辑策略（NM-PE）更能精准高效地实现水稻内源基因标记。松弛型的核酸酶ScCas9可扩展该策略在水稻中的应用范围，编辑效率高达70.83%。该策略也可实现高效的水稻双基因标记。因此，核酸酶和微同源末端连接介导的引导编辑策略，可以实现水稻靶基因的多核苷酸精准操作、精准标记及敲除等，在水稻蛋白标记组学、基因功能研究和遗传改良方面具有很大的潜力。

(信息来源：中国农业科学院植物保护研究所)

新技术显著降低线粒体碱基编辑的脱靶效应

近日，中国农业科学院深圳农业基因组研究所农业基因编辑技术创新团队研发出超低脱靶效应的线粒体单碱基编辑工具，显著降低了传统胞嘧啶单碱基编辑工具的脱靶效应，极大提高了线粒体基因编辑的安全性。该研究对推动线粒体编辑工具的应用具有重要价值，也为改善基因编辑工具安全性提供了参考。相关研究成果发表于《细胞研究》(Cell Research)。

基因组脱靶效应是基因编辑工具在进行靶位点基因编辑的过程中发生的

非预期位点的编辑效应。对于线粒体编辑工具而言，严重的基因组脱靶效应直接阻碍其在临床治疗、科学研究中的应用。为此，研究人员利用晶体结构数据和蛋白质三维结构预测技术，结合蛋白工程策略，优化构建了超高保真线粒体编辑工具 DdCBEK1402D/E，并通过小鼠二细胞注射脱靶检测技术进行评估，研究发现新开发的编辑工具脱靶效应只有传统线粒体单碱基编辑工具的 1/400 至 1/1 000，展现了巨大的临床应用潜力。

（信息来源：中国农业科学院深圳农业基因组研究所）

新型平台可直观评估猪基因编辑效率

CRISPR/Cas9 技术与体细胞核移植（SCNT）相结合是生成基因编辑猪的主要方法。获取基因编辑核供体的效率受所选 CRISPR-Cas9 形式的影响。四川大学的研究团队开发出基于荧光信号和微图案阵列的平台，可直观评估猪的基因编辑效率，是一种简单、快速且有效评估基因敲除效率的方法。研究小组比较了 CRISPR-Cas9 的 DNA、mRNA 和核糖核蛋白（RNP）形式的编辑效率，其中，猪细胞的 mRNA 形式具有最高的编辑效率。此外，它对于快速测试新型基因编辑工具、评估交付方法以及为各种细胞类型定制评估平台具有巨大潜力。相关研究结果 4 月 15 日发表于《生物技术杂志》（*Biotechnology Journal*）。

（信息来源：四川大学）

克隆技术支撑畜禽基因组编辑研究

美国犹他州立大学研究团队利用 CRISPR 基因组编辑技术对动物进行生物工程改造，培育了具有人类遗传疾病的绵羊、携带移植染色体片段的山羊，使动物能够产生人类抗体。随后利用克隆技术将上述基因编辑设计付诸实践。

克隆技术与基因编辑技术结合，将经过复杂基因编辑的细胞核植入卵细胞中，以产生克隆动物。美国生物技术公司 Acceligen 开发了 CRISPR-Cas9 基因编辑的牛，这些牛具有更强的耐热性，或对某些疾病具有抗病性，或者没有角。研究人员对动物进行多次基因组编辑，计划培育出具有可以移植到人类体内的器官的动物，且该移植不会引发致命的免疫反应。2023年，在将器官移植到临床上宣布死亡的人类受体体内的实验中，一些器官来自基因组编辑多达10次的动物。研究人员表示，从经过所有必要编辑的细胞中形成克隆至关重要，否则研究人员将不得不筛选大量动物才能找到具有全部10种修饰的克隆。但是，目前的克隆技术较为复杂且低效，不适合在农业中广泛使用，下一步的研究将致力于提高克隆家畜的生产效率以及克隆技术的新变革。

（信息来源：美国犹他州立大学）

美国开发FLSHclust算法，发现188个新的CRISPR基因编辑系统

测序数据库的系统挖掘可用于发现许多功能系统和蛋白质家族。然而，当前的序列挖掘技术无法跟上包含数十亿蛋白质的数据库的增长速度，限制了稀有蛋白质家族及其关联的鉴定。美国麻省理工学院和哈佛大学博德研究所等机构开发了基于快速位置敏感散列的聚类算法（FLSHclust），这是一种万亿级深度聚类算法。该算法可以在线性时间内对海量数据集执行深度聚类。研究团队在CRISPR发现流程中应用了FLSHclust，并鉴定了188个以前未报道的CRISPR相关系统，包括许多罕见的系统。相关研究结果11月23日发表于《科学》(Science)。

该研究将FLSHclust纳入CRISPR发现流程中，并鉴定了188个以前未报道的CRISPR相关基因模块，揭示了许多与适应性免疫相关的其他生化功能。该研究通过实验表征了3种含HNH核酸酶的CRISPR系统，包括第一个具有特定干扰机制的Ⅳ型系统，并对它们进行了基因组编辑。该研究还鉴定并表征了一种候选的Ⅶ型系统，显示了它对RNA的作用。这项工作为利用CRISPR和更广泛地探索微生物蛋白质的巨大功能多样性开辟了新的途径。

（信息来源：ISAAA网站）

我国利用环状 RNA 开发出基于 Cas12a 的引导编辑器

基于 CRISPR-Cas9 的引导编辑器（prime editors，PEs）可同时实现任意碱基类型的精准替换，以及小片段的精准插入、替换和删除。目前，几乎所有的引导编辑器均是依赖于 Cas9 蛋白开发而成，但与 Cas9 蛋白相比，Cas12a 蛋白具有诸多优势。因此，基于 Cas12a 开发的引导编辑器在基因治疗和农业生产方面颇具应用潜力。

利用 Cas12a 蛋白的不同形式，中国科学院遗传与发育生物学研究所高彩霞研究团队开发了适合不同场景的基于环状 RNA 的引导编辑系统 CPEs（circular RNA-mediated prime editors），即基于切口酶的引导编辑器 niCPE（nickase-dependent CPE）、基于双链核酸酶的引导编辑器 nuCPE（nuclease-dependent CPE）、可拆分 niCPE 的引导编辑器 sniCPE（split nickase-dependent CPE）、可拆分 nuCPE 的引导编辑器 snuCPE（split nuclease-dependent CPE）。niCPE 和 nuCPE 在人类细胞系 HEK293T 中效率分别高达 24.89% 和 10.42%，适合慢病毒等大分子量递送系统。sniCPE 和 snuCPE 在 HEK293T 细胞中效率分别高达 40.75% 和 3.19%，适合 AAV 递送。除了 HEK293T 细胞，niCPE 和 sniCPE 在 HeLa、N2A、MCF7 等细胞中也能够有效产生精确的引导编辑。

该研究把靶向多个位点的多个 crRNA 串联在一起，置于环状 RNA 的表达框中，并把靶向多个位点的 RTT-PBS 序列也串联在环状 RNA 表达框中。实验结果表明，这样的设计可以高效实现双基因、三基因甚至四基因的引导编辑。研究发现，CPE 具有优良的特异性，几乎没有检测到脱靶效应。低脱靶效应、高编辑效率的 CPE 系统为利用各种核酸酶开发新型引导编辑系统提供了通用范式。多类型的 CPE 系统将在生物研究、疾病治疗和作物育种等场景中发挥潜力。相关研究成果 1 月 10 日在线发表于《自然生物技术》（*Nature Biotechnology*）。

（信息来源：中国科学院遗传与发育生物学研究所）

新技术

BioLumic 利用光处理解决种子近交衰退问题

BioLumic（总部位于美国和新西兰的农业生物技术公司）利用光信号处理种子以激活新作物性状基因表达，目前在改良玉米自交系方面已取得突破。该公司利用紫外线（UV）光信号快速激活植物的自然基因表达，种子无须经过基因改造或添加化学制剂，短时间暴露在经过设计的紫外线下，即可自然激活新的基因表达，进而提高产量、质量和植物防御特性。

美国玉米以生长旺盛、产量高的杂交品种为主，但近交衰退带来的问题（包括发芽率降低、幼苗出苗和活力差、对环境压力和营养缺乏的敏感性增加）通常导致种子生产过程中产量和质量下降。BioLumic 针对近交种子的光处理是专门为解决近交衰退问题而定制。在 2023 年的试验中，经处理的近交玉米品系与传统种质相比，产量增加了 7.3%以上，早期发芽率提高，幼苗活力有所增加，根生物量平均提高了 16%。

BioLumic 已与 Beck's Hybrids、Peterson Corn Genetics、Peterson Farms Seed、Breeder Direct 等种子公司合作，将其 Genetic Expression Trait™光激活技术应用于各种自交系和杂交玉米品系，以提高作物发芽率、出苗率、幼苗活力、产量和杂交种子质量。BioLumic 计划于 2025 年第一季度与 Gro Alliance 合作，将自交系和杂交玉米的遗传表达性状商业化。该公司也积极与遗传学供应商合作，为其品种开发新性状。此外，BioLumic 正在推进大豆亲本系的性状开发，初步试验第一季度开始。

（信息来源：NewsDirect 网站）

Cibus 宣布小麦单细胞再生技术取得重大突破

1月9日，美国农业科技公司 Cibus 宣布成功从小麦品种的单细胞中再生出植株，开创了小麦可扩展的基因编辑技术。Cibus 技术突破的一个关键因素是基于 RTDS® 的高通量育种系统。RTDS 的专有技术将作物特异性细胞生物学平台与一系列基因编辑技术相结合，实现了端到端的作物特异性精准育种系统，可为种子公司开发和生产 5 种主要作物（油菜、水稻、小麦、大豆和玉米）中的任何一种。

鉴于这一突破，Cibus 计划开发一系列性状，并重点考虑提高小麦的氮利用效率和抗病性。氮利用效率性状能够显著减少小麦的碳排放，在施肥量相近的情况下可提高产量。小麦抗病性状可在减少杀菌剂使用的同时保持产量。此外，通过该平台，Cibus 还能促进小麦品质性状的改良，减少或消除麸质等过敏原，并进一步改善高纤维小麦品质。

（信息来源：Cibus 网站）

USDA 开发减少鸡蛋中病原体的新技术

美国疾病控制与预防中心（CDC）数据显示，沙门氏菌在美国每年引起约 135 万例感染，26500 例住院治疗和 420 例死亡。日常膳食中，生鸡蛋和蛋制品可能携带沙门氏菌，在某些情况下引起食源性疾病暴发，并导致死亡。近日，美国农业部（USDA）通过射频（RF）技术找到解决这一问题的方法。研究者使用一种新型热技术，可以在很短时间内对鸡蛋进行巴氏消毒并灭活沙门氏菌。

在研究过程中，鸡蛋内的水分子旋转并与射频仪器的电场对齐，分子摩擦使鸡蛋内的液体迅速升温，在 24 分钟内将沙门氏菌减少 99.999%。随后，将射频处理后的鸡蛋转移到冰箱中，模拟商业冷链温度，在 7℃ 的温度下保存 7 天。测试表明，未在鸡蛋中发现完整的沙门氏菌或亚致死沙门氏菌细胞残留物。此外，在零售冷藏温度下储存的经射频处理的鸡蛋中也未发现此类致病菌再生，鸡蛋的颜色和其他参数在加工过程中也未发生变化。

美国 2023 年共消费了 931 亿枚鸡蛋，该技术将帮助小农户或鸡蛋加工商最大限度地减少沙门氏菌，以确保食品安全。该技术也可以投入疗养院、医院或学校等特殊市场，但目前尚未进入商业化应用阶段。

（信息来源：USDA 网站）

德国利用激光和3D打印技术改良作物

德国波恩大学的研究团队利用激光雷达技术扫描农田中甜菜植株的地上部分，使用商用级3D打印技术创建了稳定、可重现的甜菜植物3D参考模型，解决了在3D植物表型分析中参考形态参数的挑战。所建立的参考模型的生产偏差较低，具有高维稳定性。相关研究成果发表于《千兆科学》（GigaScience）。

除了利用遗传信息指导智能育种，该3D植物模型还可以捕捉甜菜植物地上部分的基本特征，用于人工智能辅助的作物改良。甜菜植株模型具有可重复性，适合大田使用。所有的研究资料、数据、方法以及3D打印文件可以免费下载使用，研究者可以复制参考甜菜的精确副本，这使得世界不同地区不同实验室所做的研究更具可比性。3D打印的经济、便携也使这种方法可以适用于经济不发达地区。

（信息来源：EurekAlert! 网站、GigaDB 数据库）

德国推出植物磁共振成像新技术

磁共振成像（MRI）是生物医学领域的一种多用途技术，但将其应用于活体植物代谢研究仍存在挑战性。德国莱布尼茨植物遗传学和农作物研究所在最新研究成果中，报告了植物MRI化学交换饱和转移（CEST）的建立。研究表明，CEST是一种强大的MRI方法，可以促进植物体内代谢分析，对糖和氨基酸分布进行微观分辨和动态评估。

该方法使研究人员能够通过非侵入性的方式获得主要作物（玉米、大麦、豌豆、马铃薯、甜菜和甘蔗）复杂库器官（种子、果实、主根和块茎）中的糖和氨基酸代谢。由于具有较高的信号检测灵敏度和对磁场不均匀性的低敏感性，CEST可以分析常规磁共振波谱无法分析的异质植物样品，可以深入了解完整、活体植物组织中糖和氨基酸的动态及其分布情况。该方法已通过化学位移成像、红外显微镜、色谱法和质谱法得到验证。研究小组指出，CEST

在各种作物上的应用表明，CEST 是一种与物种、品种和器官无关的无创代谢物可视化方法，无须事先标记或样品处理。这项新发现为监测活体植物代谢物的动态变化提供了前所未有的机会，对于更深入地了解性状形成和支持育种研究尤为重要。

（信息来源：AgroPages 网站）

科迪华在巴拉圭推出首个生物接种剂

近日，科迪华在巴拉圭最大的农业博览会"Agrodinámica 2023"上推出了其首个生物固氮制剂 UTRISHA N。UTRISHA N 是一种固态生物制剂，主要用于玉米和大豆的叶面施用，可让植株通过新的作用方式在整个生命周期内获得氮素。UTRISHA N 含有独特的甲基杆菌（*Methylobacterium symbioticum*）菌株，通过叶片气孔进入植株，并在施用后 7 天内完全定植。这种细菌可将大气中的氮转化为铵态氮供植株利用，以天然的方式增强植物活力，帮助作物加快生长，发挥最大的生产潜力。此外，UTRISHA N 产生的氮不易受到传统施肥问题的影响，如淋溶、挥发和反硝化。

（信息来源：AgroPages 网站）

科研人员开发内源基因非编码区定向进化新技术

近日，中国农业科学院植物保护研究所作物病原生物功能基因组研究创新团队开发了核酸酶 LbCas12a 介导的内源基因非编码区定向进化技术。相关研究成果发表于《植物通讯》（*Plant Communications*）。

大量自然或随机诱变形成的非编码区变异为作物驯化和育种作出了贡献。目前，主要利用核酸酶 SpCas9 对作物内源基因非编码区进行编辑和改造。与 SpCas9 相比，LbCas12a 介导的内源基因非编码区技术更倾向于识别富含胸腺嘧啶的基因序列，并在植物细胞中诱导更大的缺失，更适合用于非编码区编辑和定向进化。

该研究通过使用 LbCas12a 介导的基因编辑技术和 crRNA 融合文库，对水稻株高内源基因 SD1 的非编码区进行大规模饱和覆盖打靶，创制出株高呈不同变化的突变群体，进一步研究证实，其株高数量性状变异主要是由该技术编辑全新的非编码区调控序列造成的。该技术为作物数量性状变异创制、分子育种研究提供了技术支撑。

(信息来源：中国农业科学院植物保护研究所)

美高校研发土壤硝酸盐喷墨印刷电位传感器

美国威斯康星大学麦迪逊分校的研究人员开发出一种喷墨印刷电位传感器，可以实时、连续地监测常见土壤中的硝酸盐，而且成本较低，有助于做出更准确的养分管理决策，提高经济收益。

过量施用氮肥会导致养分流失，氮素利用效率低下，对环境也有害。氮肥投入的管理需要获得实时的土壤硝酸盐浓度信息。常见电位传感器通常用于精确测量溶液中的硝酸盐，但不适合在土壤环境中使用，粗土壤颗粒会使其磨损，并干扰获得准确的测量结果。

在该项目中，研究人员使用喷墨打印工艺制造电位传感器（一种薄膜电化学传感器），并在传感器上覆盖一层亲水的聚偏氟乙烯（PVDF）。亲水层可以保护传感器免受带电土壤颗粒的影响，同时允许水从土壤流向传感器电极，确保传感器在潮湿土壤环境中的长期功能。聚偏氟乙烯层的特性使传感器能够提取含有硝酸盐的水，将其带到传感器表面，准确感测硝酸盐。这些传感器已在砂土和粉砂壤土中进行了测试，结果证明了它们在不同土壤类型中的通用性。这款新型传感器还可用作农业研究工具，了解硝酸盐在土壤中的移动方式，从而帮助指导降低其有害影响。

(信息来源：AgroPages 网站、美国威斯康星大学麦迪逊分校)

美国 NSF 新项目利用人工智能操控转基因辣椒性状

美国西弗吉尼亚大学（WVU）研究人员尝试利用人工智能控制转基因哈瓦那辣椒的大小、颜色和味道。科学家们正在探索人工智能在基因工程中可以发挥的作用,并计划在未来通过人工智能操控基因,进而预防或治疗遗传疾病。美国国家科学基金会(NSF)拨款25万美元支持这一为期3年的项目。

目前,研究团队已对约240种辣椒进行种植和基因组测序,正在使用计算方法研究决定辣椒性状的基因,通过修改、增强或抑制这些基因来"改造"辣椒。他们将根据现有基因组数据,利用人工智能进行预测,随后WVU将通过生物实验予以验证。研究人员在确定如何使用哈瓦那的基因型设计其"表型"后,将进一步研究这些表型与人类味觉之间的关系。

这项研究使科学家能够在大范围内开展跨学科合作,专注于利用人工智能实现共同利益。推动在"关联模式发现"相关领域(开发性状优良的辣椒品种,以及更广泛地解决机器学习问题)人工智能知识的发展。

(信息来源:美国西弗吉尼亚大学)

日本开发出无须使用植物激素的植物再生新方法

日本千叶大学、名古屋大学和日本理研可持续资源科学中心(CSRS)的研究人员,通过调节控制植物细胞分化的"发育调节因子"(DR)基因的表达,开发了1种通用的植物再生方法。相关研究成果4月3日发表于《植物科学前沿》(*Frontiers in Plant Science*)。

通过细胞培养的传统植物再生方法需要在植物外部施用植物生长调节剂(PGR),如生长素和细胞分裂素,以控制细胞分化与生长。然而,最佳激素条件可能因植物种类、培养条件和组织类型而异。因此,建立最佳PGR条件可能是费时费力的。这项新的研究开发了一种新颖而通用的植物再生方法,通过基因调节控制植物细胞分化的基因表达实现再生,而不需要施用外部激素。研究人员从拟南芥中异位表达了2个 *DR* 基因(*BBM* 和 *WUS*),分别编码1种调节胚发育或维持茎尖分生组织区域干细胞特性的转录因子。实验表明,功能增强的 *BBM* 和功能修饰的 *WUS* 的共表达诱导了烟草叶片组织加速和自主分化表型。定量聚合酶链式反应(qPCR)分析表明,拟南芥 *BBM* 和 *WUS* 的表达与转基因愈伤组织和芽的形成有关。这项研究成果在以更简单和低成本的方式开发转基因植物方面具有巨大应用潜力。此外,研究中使用的系统有望促进该领域对植物细胞分化基本过程的理解,并改善植物的生物技术育种。

(信息来源：日本千叶大学网站)

日本研发未孵化卵内性别鉴定新方法

近日，日本德岛大学尖端酵素学研究所和德岛大学SETSUROTECH公司联合，利用基因组编辑技术开发出卵内性别鉴定的方法，并获得日本专利。该方法利用基因组编辑技术改变了雄性和雌性禽类眼睛的颜色，可以在孵化前辨别出卵中胚胎的性别。该方法的优势是使用非转基因技术在胚胎发育的极早阶段进行性别辨别，属于非侵入性方法，且较其他方法更为简便。由于鸡的性别辨别只能在孵化后进行，因而蛋鸡生产中普遍存在大量宰杀雄性雏鸡的情况。近年来，欧洲部分国家推行了禁止宰杀公鸡的立法，增加了蛋鸡生产的成本。这项新技术将有助于解决蛋鸡生产中由于宰杀雄性雏鸡引发的动物福利问题。

(信息来源：日本德岛大学)

瑞典开发促进作物生长的"电子土壤"

瑞典林雪平大学（Linköping University）的研究人员开发出1种用于无土栽培的导电"土壤"，这种生物电子土壤被称为eSoil，可以在水培环境中为植物的根系及其生长环境提供电刺激。研究表明，种植在导电"土壤"中的大麦幼苗在根部受到电刺激15天后干物质平均增加了50%。相关研究结果12月26日发表于《美国国家科学院院刊》（PNAS）。

eSoil是一种低功耗生物电子生长基质，其主要结构成分是纤维素。研究发现，将广泛用作饲料的大麦幼苗种植在eSoil中，其根系集中在eSoil的多孔基质中。通过这种新的栽培基质对大麦幼苗根系进行电刺激可加速幼苗生长，15天后植株干重平均增加50%，这种刺激对根和芽的发育效果也很明显。受刺激的植物比对照植物更能有效地同化NO_3^-，这一发现可能有助于减少化肥的使用。eSoil为水培的进一步发展开辟了新的路径，便于以可持续的方式提高作物产量。这项工作也开辟了利用物理刺激促进植物生长的途径，有助于更好地了解植物对电场的反应。

（信息来源：瑞典林雪平大学）

我国研制出金黄色葡萄球菌快速检测传感器

近日，中国农业科学院北京畜牧兽医研究所智慧畜牧业创新团队创制出金黄色葡萄球菌（Staphylococcus aureus）快速检测传感器，为动物疾病诊断、畜产品安全检测等提供了新方法。相关研究成果7月15日发表于《纳米生物技术杂志》（Journal of Nanobiotechnology）。

该研究利用超疏水疏油纳米聚合材料和等离子光刻技术，研制了可控自清洁场效应管，克服了传统纸基电化学生物传感器在水环境中机械稳定性差、易受待测样品杂质污染的缺陷。此外，创新性提出了类DNA折纸术构建DNA纳米结构的新方法，使用对金黄色葡萄球菌灵敏度高的脱氧核酶（RNA-cleaving DNAzyme，RCD）和多条断链DNA构建低成本DNA纳米树，实现对金黄色葡萄球菌的高灵敏、快速检测。可控自清洁场效应生物传感器对金黄色葡萄球菌有较宽的检测范围（$1\sim10^5$ CFU/mL）和较低的检测限（1 CFU/mL）。该研究成果为研制低成本、高性能生物传感器提供了新思路。该研究得到国家重点研发计划、国家自然科学基金和畜禽营养与饲养全国重点实验室等课题支持。

（信息来源：中国农业科学院北京畜牧兽医研究所）

越南开发新型生物传感器，可准确高效测定肉类新鲜度

越南科学技术学院、越南国立大学、河内科技大学和俄罗斯科学院的研究人员开发了一种生物传感器，可使用氧化锌纳米颗粒修饰的石墨烯电极测量猪肉的新鲜度。

三磷酸腺苷（ATP）是一种由呼吸产生的分子，负责为细胞提供能量。当动物停止呼吸时，ATP合成也会停止，现有的分子分解成酸，不仅影响猪

肉的味道，还会降低其食用的安全性。次黄嘌呤（HXA）和黄嘌呤是这种转变的中间步骤。评估它们在肉类中的含量，即可表明肉的新鲜度。该传感器采用聚酰亚胺薄膜制成，使用脉冲激光将其转化为多孔石墨烯。添加的氧化锌纳米粒子将HXA分子吸引到电极表面。HXA与电极相互作用时，会氧化并转移电子，从而提高电极的电压。HXA与电压增加之间的线性关系使HXA含量的测定变得容易。研究人员使用从超市购买的猪肉测试了该生物传感器的性能，结果显示，准确度超过98%，检测范围广且检测限制少。

（信息来源：越南科学技术学院）

不依赖光合作用的"电农业"可缩减94%的耕地用量

光合作用在捕获能量方面效率极低，植物吸收的光能中只有约1%能在植物内转化为化学能。10月23日发表在细胞出版社杂志《焦耳》（*Joule*）上的一篇论文中，美国生物工程师提出了一种全新的食品生产方法，称之为"电农业"。这项技术的核心是利用太阳能驱动的化学反应来替代自然界的光合作用，从而更高效地将二氧化碳转化成植物可以利用的有机分子。通过对植物进行基因改造，使其能够吸收这些有机分子。研究人员估计，如果美国所有食物均采用"电农业"的方式生产，农业所需耕地面积将减少94%。该技术同样适用于在太空中种植食物。

电农业也意味着可以用多层建筑取代传统农田。在建筑物的表面或周围安装太阳能电池板，用以捕捉太阳能，并驱动二氧化碳和水发生化学反应生成醋酸盐。随后，将醋酸盐用作水培植物的养分。这一过程同样适用于培育蘑菇、酵母和藻类等生物。通过这种方式，研究团队已经将转化效率提升至约4%，比传统光合作用的效率高出4倍。由于整个过程更为高效，与食品生产相关的二氧化碳排放也相应减少。

为了实现让植物以醋酸盐为养分进行生长繁育的目标，研究团队借鉴了植物萌发期间分解储存在种子内的营养物质的代谢路径。一旦植物开始进行光合作用，这条代谢路径通常会被关闭。然而，通过重新激活这条路径，植物就能够利用醋酸盐作为其能量和碳源。

该团队最初的研究对象重点是番茄和莴苣，计划在未来转向木薯、红薯和谷物等高热量主食作物。目前已经设计出除了光合作用外还可以利用醋酸盐的植物，但最终的研究目标是培育出完全依赖醋酸盐获取所有必需能量的植物，即这些植物将不再需要任何形式的光照。

（信息来源：sciencedaily 网站）

我国开发逆转座子基因工程新技术

近日，中国科学院动物研究所/北京干细胞与再生医学研究院研究员李伟与周琪团队合作，结合基因组数据挖掘和大分子工程改造等手段，开发了使用 RNA 供体进行大片段基因精准写入的 R2 逆转座子工具，能够在多种哺乳动物细胞系、原代细胞中实现大片段基因（>1.5 kb）高效精准的整合，最高效率超过 60%，成功实现了全 RNA 介导的功能基因（DNA）在多种哺乳动物基因组的精准写入，为新一代创新基因疗法的发展奠定了基础。相关研究成果 7 月 8 日在线发表于《细胞》(Cell)。

该研究基于自然界存在的 R2 逆转座系统，结合数据分析和工程化改造方法，成功开发了全 RNA 介导的、高效精准的基因写入技术，首次在多种人和小鼠细胞系及原代细胞中实现了功能基因的定点整合。R2 基因精准写入工具在递送和安全性方面具有显著优势，未来有望基于此工具开发在体功能基因回补写入以及在体生成 CAR-T 细胞等全新的疾病治疗方法。此外，R2 基因写入技术目前无法实现在不同基因组位点的可编程写入，且在人原代细胞中的基因写入效率较低，未来研究将对其进一步发展和优化。

（信息来源：中国科学院动物研究所）

科学家发现去除茄属植物中有毒化合物的方法

马铃薯自然产生的化学物质可以保护它们免受昆虫的侵害。这种化学物质被称为甾体糖苷生物碱（SGAs），在马铃薯皮的绿色部分和发芽区域中含量很高。但这种成分对食用者（人类和昆虫）存在安全隐患。

由以色列雷霍沃特魏茨曼科学研究所、美国加州大学、德国莱布尼茨植物生物化学研究所和日本兵库县神户大学组成的研究团队，鉴定出一种名为GAME15的纤维素合酶样蛋白，它在指导植物合成SGA方面发挥着关键作用。相关研究成果发表于《科学》(Science)。

研究人员发现，GAME15既作为胆固醇葡糖醛酸基转移酶发挥作用，又作为代谢物中的一个支架蛋白，能将其他酶组织成一个"转化工厂"，可高效地合成SGA，同时防止有毒化合物泄漏到植物细胞的其他部分，以免造成破坏。研究团队还证明了在茄属植物中去除相应基因后，产生的植物既缺乏类固醇生物碱也缺乏皂苷。

番茄也会产生SGA，主要是在未成熟的绿色果实中，以及在植物的种子、茎和根部中。当研究人员在番茄中沉默 GAME15 基因时，消除了SGA的产生，但也使植物对害虫高度敏感。通过基因工程使SGA只在茄属植物的非食用部分（如叶子）合成，而非在可食用部分（马铃薯块茎、番茄果实）合成，这样既可以保持植物对病虫害的抗性，又可以使食用部分对人类和昆虫安全。GAME15的鉴定将为在异源植物宿主中工程化生产化学防御分子铺平道路，并可能有助于植物在化学防御与自身毒性之间的平衡。

(信息来源：雷霍沃特魏茨曼科学研究所等)

美国开发准确预测作物光合作用、提升产量的新模型

伊利诺伊大学的研究小组开发了一个模型框架，将与光合作用有关的酶活性与产量联系起来。这是首次开发模型将动态光合作用途径与作物生长直接联系起来。相关研究成果6月21日发表于 in silico Plants。

该研究提出的完全耦合建模框架整合了 C_3 光合作用的代谢模型（ePhotosynthesis）和半机械作物生长模型（BioCro）。研究人员将 BioCro 中的叶片级 Farquhar 光合作用模型替换为 ePhotosynthesis 模型，该模型从机制上描述了光系统电子传递过程和 C_3 碳代谢，包括卡尔文—本森—巴沙姆循环和光呼吸途径。耦合的 BioCro-ePhotosynthesis 模型经过校准以代表大豆品种，并开发为可快速运行的季节性模拟模型。该耦合模型可进一步用于研究非稳态光合作用过程。

(信息来源：伊利诺伊大学)

日本开发新型植物性状测量工具

东京大学与日本农业与食品产业技术综合研究机构（NARO）合作，设计了一套图像采集和AI分析流程。这种基于深度学习的图像分析流程被称为多尺度注意力网络（MSAnet），该技术通过轻松获取的田间照片或视频，能够更加精确、快速地测量单株产量、植株结构和豆荚位置。

这种新颖的图像分析流程，能够自动处理和估算田间大豆植株上种子的数量和空间分布。在将注意力集中在前景并生成种子分布热图后，对上采样图像进行操作，然后将图像进行下采样，与相邻图像进行匹配，并应用损失函数来提高估计的置信度。最后，使用核密度算法来定位和计数种子，其结果的准确性超过了其他现有流程。该方法可以生成易于解释的图表，展示单株植物种子的垂直分布，以帮助育种者评估潜在新品种上以往无法获取的多种性状，或对这些新颖性状进行遗传分析。

大豆育种者可以利用这项新技术确定大豆基因组中控制豆荚垂直定位、植株结构和植株高度的遗传区域。MSANet将有助于培育豆荚位置最低的大豆品种，并帮助育种者快速识别具有理想性状组合的潜在新品种。

（信息来源：EurekAlert！网站）

CropX收购EnGeniousAg以获得突破性氮传感技术

9月18日，以色列农业科技公司CropX宣布收购EnGeniousAg（一家开发农业氮传感的初创公司）。该公司开发了一种创新的氮传感技术，可以为农民提供新的精密工具以优化氮肥施用并最大程度地减少环境影响，改善氮管理。

EnGeniousAg的专利技术为用户提供快捷的现场氮测量服务，所获得的数据可以为氮肥施用提供信息，确保植物在不同生长阶段具有适当的氮肥水平，最大限度地提高盈利水平、可持续性和作物性能。具体来说，EnGeniousAg的专利技术突破性地扩展了精准农业中离子特异性电极传感的范围，可以对植物组织、排水、灌溉水，以及土壤中的氮进行原位监测。CropX将EnGeniousAg

的技术整合到其农场管理系统中,以增强系统的农业养分管理能力。

低效的氮肥使用每年给农民造成数十亿美元的损失,同时大幅增加温室气体排放和流域和含水层的硝酸盐负荷。EnGeniousAg 的技术将为 CropX 平台上的农民和农业企业显著节省成本并提高运营效率。通过简单有效的田间氮测量以及数据驱动的农艺建议,CropX 的传感器和分析集成系统将提供一种高效实用的新方法来提高作物的氮利用效率。

(信息来源:Cropx 网站)

法国开发基于人工智能的种子混合物营养评估技术

混种是牧区一种传统的谷物和豆类混合种植技术,旨在以较低生产成本生产能量和蛋白质平衡的动物饲料。然而,由于谷物和豆类不能同步成熟,且收获的种子是异质的,因此很难评估它们的营养价值。法国国家信息与自动化研究所和法国国际农业研究中心等机构提出一种人工智能驱动的估计种子混合物营养价值的新方法,从而帮助农民管理作物产量并促进可持续种植。

研究团队提出的人工智能技术可以安装到在线或智能手机应用程序中,自动估计收获的混合种子的营养价值。研究者创建了一个原始的开放图像数据集,其中包含 4749 张种子混合物的图像,覆盖 11 个种子品种,并用它训练了 2 种深度学习模型,最终开发出一个开放访问的网络组件,允许用户从图像中估计种子成分和营养价值。新工具展示了该研究在现实世界农业场景中的实际应用和潜力。未来的工作将致力于改善数据平衡并探索合成图像生成,以进一步提高模型性能和实际适用性。

(信息来源:EurekAlert! 网站)

首尔大学开发基因翻译多级调控系统

首尔大学工学院化学与生物工程系研究团队开发了一种基于 RNA 靶向 CRISPR-dCas13 的基因翻译多级调控系统。与现有的 DNA 靶向 CRISPR 干扰系统相比,这种新的合成生物学方法可以精确控制操纵子内的基因特异性表达，有望用于精确控制微生物内部的代谢途径并帮助材料生产最大化。相关研究成果 6 月 22 日在线发表于《自然-通讯》(Nature Communications)。

这项研究将名为 CRISPR-dCas13 的新工具用于调节基因表达，并证实，当控制操纵子结构中表达的基因时，与现有的转录步骤抑制系统相比，可以更独立地控制操纵子内每个基因的表达。研究团队开发了 1 个可以在不同水平上进行可预测控制的系统。所构建的减毒导向 RNA 文库允许靶基因表达水平在 2.6% 至 86.3% 的范围内均匀分布，并可预测地调节其他基因的表达。通过这一新型翻译控制系统，研究团队将大肠杆菌细胞工厂中生物降解塑料的关键原材料 3-羟基丙酸产量提高了 14 倍。

(信息来源：韩国首尔大学)

新研究揭示水稻 RNA 识别结构域蛋白抑制外源基因沉默的机制

植物是复杂的生物系统。植物体内基因的表达受到多种水平的调控，如转录水平、转录后水平、DNA 甲基化/去甲基化等，从而对基因表达进行精密高效的调控。中国科学院遗传与发育生物学研究所张劲松研究组筛选 OsEIN2 过表达材料的抑制子，鉴定到 1 个包含 RNA 识别结构域（RRM）的蛋白 SOE。SOE 可以与剪接复合体组分互作，并结合到 DNA 去甲基化酶基因 *DNG701 mRNA* 上促进其剪接和稳定，从而维持 DNG701 介导的启动子去甲基化与转基因表达。

基于水稻 3 000 份测序数据的分析发现，SOE 基因启动子及编码区的核苷酸多态性可分为 7 个单体型，且 Hap 1 单体型与粒重显著正相关。此外，研究发现 *SOE* 基因突变能够使水稻籽粒增大并提高单株产量。这一研究揭示了基因表达调控新机制，并为促进水稻和其他作物产量提升提供了优异的候选等位基因。相关研究成果 3 月 20 日在线发表于《新植物学家》(New Phytologist)。

(信息来源：中国科学院遗传与发育生物学研究所)

遗传与发育生物学研究所开发出植物基因驱动工具

近期，中国科学院遗传与发育生物学研究所钱文峰团队在植物中开发了名为 CRISPR-Assisted Inheritance utilizing NPG1（CAIN）的基因驱动系统。该系统基于毒药—解药机制，通过在植物花粉中产生毒药效应，颠覆孟德尔遗传规律。相关研究成果 6 月 17 日在线发表于《自然-植物》(*Nature Plants*)。

具体而言，CRISPR/Cas9 靶向切割花粉萌发所必需的基因 *NPG1*，作为毒药阻止花粉萌发；重新编码的、不受 CRISPR/Cas9 切割的 NPG1 拷贝作为解药，为携带基因驱动元件的花粉回补正常萌发所需的基因功能。基因驱动工具的实际应用对象为野外异交繁殖的物种，但为了保证工具开发过程的生物安全，研究人员选用了自交繁殖的拟南芥作为材料。结果显示，CAIN 在连续两个人工杂交世代中表现出显著的高效遗传，高于孟德尔遗传的期望比例 50%。CAIN 有望为控制杂草数量以及保护植物多样性等提供技术支持，并可以用于未来快速改良或抑制野生植物群体等研究。

（信息来源：中国科学院遗传与发育生物学研究所）

英国利用转基因细菌生产自染色皮革

纺织和皮革行业对环境造成的不良影响正在推动人们对源自微生物和真菌的合成材料产生兴趣。细菌纤维素（BC）因其材料特性、基础设施需求低和可生物降解性，成为一种有前景的、可持续的天然纤维素替代品。然而，生产商需要找到更安全的替代方法来染色纺织品和皮具。

为了解决这一问题，伦敦帝国理工学院的研究人员利用基因工程生产了一种能够生长自我着色细菌纤维素的 *Komagataeibacter rhaeticus* 菌株。通过基因改造使细菌产生黑色素颜料，培育出的细菌皮革可以自行染色。这种新型皮革已成功用于制作鞋子和钱包。这项研究证明，将基因工程与当前和未来的纺织品生物制造技术相结合有可能创造出新型纺织品，也展示了将工程化的自我色素沉着与合成生物学工具相结合的潜力。相关研究成果发表于《自然-生物技术》(Nature Biotechnology)。

(信息来源：ISAAA 网站；伦敦帝国理工学院)

Moa 和 Biomar 利用海洋资源合作研发生物除草剂

近日，英国 Moa Technology（以下简称 Moa）与西班牙 Biomar Microbial Technologies 达成 1 项长期合作，该合作将推动 Moa 生物除草剂研发项目的进程。借助本次合作，Moa 将利用 Biomar 丰富的天然海洋化合物资源库挖掘新除草剂成分，再利用其 GALAXY 技术进行筛选，寻找具有应对抗性杂草潜力的物质。

传统化学农药催生出的抗性杂草，生长迅速，可使农作物产量减少 50% 以上，威胁到全球数百万人的主粮供应。据行业估计，价值 50 亿美元的生物农药市场每年将以约 8% 的速度增长。

Moa 于 2017 年从牛津大学分离出来，致力于开发更可持续的新方式，以促进全球粮食安全，目前已得到领先的农业科技和生命科学风险投资公司的融资。除了其独有的生物技术平台（用于识别具有新作用模式的除草剂），Moa 还采用先进的人工智能和机器学习技术运营着世界一流的温室测试设施。Moa 现拥有多种新型除草剂的产品线（包括生物和合成除草剂），产品研发分为自主开发和合作开发的模式。

(信息来源：AgroPages 网站)

基于 CRISPR 的生物传感器技术可有效检测转基因作物

南京信息工程大学的科研团队及其合作伙伴开发了 1 种 CRISPR/Cas12a 介导的熵驱动电化学发光（ECL）生物传感器，用于检测 MON810（全球种植最广泛的转基因抗虫玉米品种）。相关成果 4 月 1 日发表于《分析化学杂志》(Analytica Chimica Acta)。

转基因生物的检测技术在转基因生物的监管中扮演着关键角色，灵敏、准确的生物传感器对于提高转基因生物的检测效率至关重要。为了检测转基因玉米品种 MON810，科学家们采用了 DNA 四面体作为支架，以提高电极反应的稳定性和效率，生物传感器瞄准转基因中的特定位置，使其比实时定量聚合酶链反应更精确。测试证实，该生物传感器特异性强、检测速度快、结果准确，可以极大地提高转基因作物的检测效率，在转基因作物大规模田间检测方面具有巨大潜力。

（信息来源：AgroPages 网站）

先正达抗高温胁迫型生物刺激剂获欧盟 CE 认证

先正达生物刺激剂 QUANTIS 近期获得了欧盟 CE 认证，该产品可提高田间作物对高温胁迫的抵抗力。Quantis 可增强作物对高温的适应力，提高马铃薯、洋葱和甜菜等多种田间作物的产量和品质，并在比荷卢地区（由比利时、荷兰和卢森堡 3 个国家组成的经济联盟区）及英国开展的大量试验中得到了验证。气候变化造成的极端天气越来越常见，作物面临的非生物胁迫不断增加，干旱和高温对植物生长会产生负面影响。先正达指出，Quantis 可减缓这些胁迫对作物的影响，使植株在胁迫下也能继续进行光合作用。

多年来，Quantis 已在多种条件下进行了试验，并总结出使用建议，尤其是马铃薯在块茎萌发之时使用 Quantis 效果更加显著。使用该产品可以产生更多的块茎，并且块茎更重，大小更均匀，从而使得马铃薯产量大幅提升，平均可提高 8%。

（信息来源：AgroPages 网站）

动植物生理

研究揭示土壤中根系形态时空变化机制

11月15日,中国科学院遗传与发育生物学研究所与荷兰根特大学合作,在《科学》(Science)上在线发表的研究结果揭示了根系形态的时空变化过程及其分子机制。这项研究建立了植物细胞分裂方向筛选系统并测试了超过15 000个化合物,获得了可影响植物细胞分裂方向变化的小分子化合物coral7。进一步研究发现,coral7通过影响转录因子SPL13的表达调控细胞分裂方向。这一研究揭示了SPL类转录因子可以通过影响细胞分裂方向控制根分生组织的形态特征和时空变化,为重塑植物根系形态提供了重要策略。

该研究通过化学遗传学并结合细胞体系的筛选策略获得了控制细胞分裂方向的化合物coral7,并发现了转录因子SPLs的新生物学功能即控制植物细胞分裂方向。同时,该研究揭示了SPL分子模块参与根系的时空形态重塑,为实现根系遗传改良和重塑提供了关键位点。

(信息来源:中国科学院遗传与发育生物学研究所)

乙烯促进水稻扎根紧实土壤

近日,中国农业科学院生物技术研究所作物耐逆性调控与改良团队研究发现,乙烯可促进高硬度土壤中的根系生长,为培育适应高硬度土壤的作物新品系提供了理论依据。相关研究成果发表于《植物细胞》(Plant Cell)。

高硬度土壤严重抑制作物根系的生长,限制了根系对养分和水分的吸收利用,从而影响作物的产量。因此,培育能够适应高硬度土壤的作物新品系,探索植物根系对外界土壤硬度的响应机制,是亟待解决的问题。研究发现,为适应紧实的土壤环境,乙烯信号核心转录因子OsEIL1会在根中明显积累,从而激活水稻冠根发育关键基因OsWOX11的表达,促进冠根原基的起始伸长和冠根数目的增加。该研究为培育能够适应高硬度土壤的作物新品系提供了新的基因资源和理论基础。

(信息来源:中国农业科学院生物技术研究所)

动植物育种

动物育种

Hypor 与 Danish Genetics 合并，加强种猪市场竞争力

Hendrix Genetics 种猪业务部门 Hypor 与丹麦基因公司（Danish Genetics）合并重组，旨在加强其在全球猪种业市场的影响力，并开拓新的机遇。合并后，Hendrix Genetics 将持有新成立实体的多数股权。

此次合并标志着 Hendrix Genetics 和 Danish Genetics 种猪业务部门之间强强联合，旨在建立强大的合作伙伴关系，扩大现有的产品组合，并利用尖端技术，增强其全球分销网络。Hendrix Genetics 首席执行官表示，该合作符合 Hendrix Genetics 的战略，即作为一个多物种平台，通过与 Danish Genetics 的资源整合，可以利用双方共同的专长和研发能力来推动创新，有望在猪育种领域树立性能和可持续性的新标杆。

（信息来源：National Hog Farmer 网站）

基于育繁推一体化育种体系的畜禽遗传评估新方法

中国农业大学动物科学技术学院刘剑锋团队提出基于不同亲本群体及其杂交后代群体信息育繁推一体化育种模式下优化遗传评估模型和计算技术，可同时实现纯种、杂种的育种值评估和杂种优势预测。相关研究成果 1 月 24 日发表于《生物信息学》（*Bioinformatics*）。

该研究提出 1 种全新的基因组选择一步法加—显算法（MAGE），利用偏亲缘相关矩阵（Partial Relationship Matrix）进行纯种群体和杂种群体的混合亲缘关系构建，利用元建立者（metafounders）进行不同纯种群体之间的跨品种背景亲缘关系评估。同时，MAGE 算法首次提出杂种群体的显性亲缘关系矩阵构建方法，实现了对纯、杂混合群体显性效应的精准估计。在此基础上，研究团队编写了相应的纯、杂混合群体遗传评估软件，可以高效利用繁育体

系的大规模杂种群体信息，对终端商品代目标性状直接进行选择，精准评估育繁推产业链中遗传进展的传递过程。与团队前期开发的 PI-BLUP 大型育种软件进行模块整合，可同时实现硬件和软件计算平台国产化计算，有力支撑国家猪畜禽遗传评估中心的高效运行。

（信息来源：中国农业大学）

加拿大、荷兰公司携手推进精准生猪育种

加拿大精准畜牧公司 HerdWhistle Technologies 与荷兰动物遗传公司 Hendrix Genetics 联合开发了 1 种自动化表型多光谱成像系统来获取生猪个体数据以支持生猪精准育种，该技术将支持养猪户提高生产效能和盈利能力。

Hendrix Genetics 负责收集和提供 Hypor 核心猪场内数万头生猪的个体数据。其负责人表示该系统是双方 5 年合作的成果。利用两家公司的综合专业知识，通过创新的多光谱成像系统，合作双方获得了对饲料效率和生猪个体健康状况的数据资源。这些关键特征不仅推动了生猪养殖业可持续发展，还提高了生猪养殖的盈利能力，使生猪养殖（户）企业获得更好收益。

（信息来源：National Hog Farmer 网站）

美国、巴西培育出第一头产含人类胰岛素牛奶的转基因奶牛

美国伊利诺伊大学厄巴纳-香槟分校和巴西圣保罗大学合作培育出全世界第一头能产含人类胰岛素牛奶的转基因奶牛，这一突破性成果将推动胰岛素生产进入一个新时代，为糖尿病治疗带来了新的途径。

研究人员将负责生产胰岛素原的人类 DNA 片段插入奶牛胚胎，并将这些胚胎植入奶牛子宫，从而诞生了一头仅在乳腺组织中靶向表达人类胰岛素原 DNA 的转基因犊牛。犊牛成熟后，研究人员尝试通过人工授精使其受孕失败后，采用激素刺激实现了第一次泌乳，并在牛奶中检测到人胰岛素原和胰岛素。这意味着通过这一方法，未来全球可能只需要一群奶牛就能生产出足够的胰岛素，帮助更多的糖尿病患者。

胰岛素和胰岛素原需要提取和纯化才能使用，在牛奶中的表达量为数 g/L。保守估计，如果一头奶牛每升牛奶能产生 1 g 胰岛素，一头典型的荷斯坦奶牛每天能产生 40~50 L 牛奶，即可产生胰岛素 40~50 g。在未来的研究中，研究小组希望创造出转基因公牛与母牛交配，繁殖出转基因后代，用于建立一个特定的畜群。虽然这项技术尚未获得官方批准，并且还需要高效的提取和纯化系统，但有望为糖尿病患者带来更为便捷和低成本的治疗方案。

(信息来源：美国伊利诺伊大学厄巴纳-香槟分校)

美国科学家利用益生菌促进鸡胚胎和雏鸡的生长发育

美国康涅狄格大学的一项研究调查了益生菌促进鸡胚胎生长的潜在用途，已为 1 种用市售益生菌喷洒鸡蛋作为促进胚胎和孵化后生长的方法申请了临时专利。相关成果 12 月发表于《家禽科学》(Poultry Science)，美国农业部为该项目提供了资助。

这项研究中，在胚胎孵化第 18 天，喷洒益生菌使鸡胚重量增加了 10.6%，其对鸡肌肉的促进作用体现在孵化阶段胸部和腿部肌肉更大，以及孵化后雏鸡的肌肉纤维增加了 70%~80%。此外，喷洒益生菌使鸡蛋孵化率增加了 5%。

雏鸡孵化后，在饲料中添加益生菌等生长促进剂可促进雏鸡的健康发育。康涅狄格大学的这项研究表明，孵化期间益生菌的喷洒显著增强了鸡胚胎的生长和发育。与对照组相比，益生菌喷洒鸡蛋饲养雏鸡的头臀长、胫骨长度、胫骨重量和体重显著改善。此外，该研究还发现，持续补充益生菌对促进生长更为有效。因此，孵化期和饲料中补充益生菌均可用于促进胚胎和雏鸡的生长，以支持鸡的后续生产性能。

(信息来源：美国康涅狄格大学)

欧美多机构拨款培育低甲烷排放奶牛品种

荷兰瓦赫宁根大学研究中心将领导 1 项全球计划协调和加速在全球范围

内培育低甲烷排放奶牛，该计划将通过标准化协议共享甲烷和基因型数据，并扩大不同品种和地区的数据记录。计划旨在加速动物育种对减少甲烷排放的作用，同时实现牛奶质量、健康和体重等传统育种目标。Bezos Earth 基金、全球甲烷中心，以及瓦赫宁根大学基金联合为该计划拨款 500 万美元。

奶牛产生的甲烷水平取决于饲料和周围环境等因素，而且奶牛遗传因素的重要性在过去几年中已经愈加明显。全球约 40% 的甲烷排放来自农业，其中 70% 源自家畜肠道发酵。这个过程发生在奶牛的消化系统中，糖分解成甲烷并通过打嗝释放出来。研究团队指出，利用遗传多样性减少牲畜对环境的影响，识别具有较低甲烷排放遗传倾向的动物品种，并利用它们来繁殖下一代，是改变牲畜对环境不良影响的可靠的、具有成本效益、累积性和永久性的方法。为了有效地做到这一点，需要采取协调一致的行动。在该计划的支持下，世界各地的科学家致力于探索新的和替代的牲畜饲料添加剂，开展甲烷疫苗的免疫学研究，了解瘤胃中的微生物及其功能，并降低检测成本，这为监管部门批准和验证缓解技术提供了重要的证据。

（信息来源：MirageNews 网站）

日本筑波大学开发鸡精液长期储存技术

日本筑波大学的研究人员开发了 1 种先进的冷藏技术，通过抑制精子细胞内外钙的消耗来抑制能量代谢，从而延长鸡精子的生育力。相关研究结果 12 月 8 日发表于《科学报告》（*Scientific Reports*）。

冷藏会显著损害鸡精子的细胞膜和线粒体，从而在 6~24 小时内大幅降低其受精能力。通过探索维持和破坏鸡精子受精能力的调节机制，研究人员发现，冷藏引起的生育能力障碍源于钙离子流入精子细胞，他们使用特定螯合剂从细胞内部和细胞周围提取钙离子的实验揭示了精子受精功能的可逆性失活。这一发现已得到体内生育力测试的验证，精子可以冷藏 3 天以上，超过之前的储存时间。该团队深入研究这一现象，重点关注能量代谢，并观察到去除细胞内和细胞外的钙会影响与鸡精子相关的能量代谢，能够诱导类似生理休眠的状态。研究结果表明，钙可以充当分子开关调节鸡精子受精功能的休眠和重新激活。这些发现不仅有助于推进家禽液体精液保存技术，还阐明了鸟类雌性生殖道内储存的生物学相关机制。

(信息来源：日本筑波大学)

日美培育出用于人体器官移植的转基因猪

日本风险投资公司 PorMedTec 领导的团队首次成功培育出 3 头用于人体器官和细胞移植的转基因猪。团队成员包括日本明治大学国际生物资源研究所和美国生物技术公司 eGenesis，该团队表示将通过进一步的动物测试来研究这种跨物种移植的安全性。

该研究使用美国公司提供的细胞进行培育，这些细胞经 10 种不同的基因修饰，预计可以抵御人体的排异反应。随后，研究团队将利用体细胞克隆技术产生的受精卵移植到代孕母猪的子宫中，产生基因相同的个体，经剖腹产生出 3 只转基因仔猪。这些转基因猪将被捐赠给日本的科研机构，用于研究猴子等其他动物的器官移植技术。

研究人员希望动物到人类的细胞和器官移植（称为异种移植）能够为器官移植供体短缺问题提供解决方案。日本器官移植网络称，日本目前约有 1.6 万人登记等待器官捐献，但每年只有约 3%的申请者能够接受器官捐献。日本有计划将猪胰岛细胞移植到 I 型糖尿病患者体内，以及将猪肾临时移植到患有严重肾病的胎儿体内，目前尚未实施。

(信息来源：Kyodo News 网站)

我国成功开发肉牛基因组选择育种液体捕获芯片

近日，中国农业科学院北京畜牧兽医研究所牛遗传育种科技创新团队开发了 1 款肉牛基因组选择育种液体捕获芯片"Cattle110K"。该芯片作为高效、经济的基因型检测应用工具，将有力推进我国肉牛遗传改良进程，助力我国肉牛种业和产业持续高质量发展。相关研究成果 3 月 29 日发表于《动物研究与同一健康》(*Animal Research and One Health*)。

该研究基于靶向捕获测序技术（GBTS），开发了 1 款针对肉牛的液相捕获芯片 Cattle110K，评估了在实际样本中的分型表现以及在全基因组关联分析（GWAS）研究中的应用效果，同时对这款芯片和肉牛高密度芯片的遗传评估准确性进行了对比。研究结果表明，Cattle110K 芯片包含肉牛重要经济性状相关位点，位点分布均匀，分型准确性高，性价比好。采用该芯片对实际样本进行基因分型发现，在 GWAS 和基因组选择（GS）的分析中都具有较高的可靠性和准确性。Cattle110K 为肉牛育种提供了 1 个高效、经济的基因分型工具，将有助于加快肉牛遗传改良的进程，有力支撑肉牛基因组选择技术的推广应用。

（信息来源：中国农业科学院北京畜牧兽医研究所）

西北农林科技大学研发奶山羊乳腺炎基因编辑抗病育种新策略

近日，西北农林科技大学动物医学院家畜胚胎与抗病生物工程团队在基因编辑抗病育种领域取得了重要进展，研发出 1 种针对奶山羊乳腺炎的新型基因编辑抗病育种策略。相关研究成果 8 月 5 日发表于《前沿科学》（Advanced Science）。

基因编辑育种技术可以快速创制具有特定性状的动物育种新材料，国际基因编辑动物已经开始产业化应用，对动物育种技术革新产生了重要影响。乳腺炎给全球奶畜养殖业造成巨大的经济损失，而传统抗生素治疗可能导致药物残留和细菌耐药性等问题。该研究利用新型基因编辑工具 ISDra2-TnpB，将筛选获得的炎性调控序列（Inflammatory Regulatory Sequence，IRS）靶向整合到抗乳腺炎溶菌酶基因（Lysozyme，LYZ）的启动子区域，利用体细胞克隆技术获得基因编辑奶山羊个体。体内和体外实验均表明，在细菌感染条件下溶菌酶表达量显著升高，基因编辑奶山羊抗乳腺炎能力显著提升。该研究的重要意义在于利用奶山羊自身炎性调控序列提高了基因编辑奶山羊抗乳腺炎基因的表达和乳腺炎的抗病力，最重要的是没有引入外源基因和新的蛋白表达，生物安全性大幅提升，有望快速推动基因编辑动物产业化应用。

（信息来源：西北农林科技大学）

英国公司利用 CRISPR-Cas 建立抗蓝耳病猪商业规模核心群

猪繁殖和呼吸障碍综合征（PRRS），俗称蓝耳病，每年导致全球20%的牲畜死亡率。近日，英国动物遗传学公司 Genus 在美国的业务部门报道了利用规模化的 CRISPR-Cas 基因编辑程序生产 PRRSV 抗性猪的核心群，用于商业育种。

Genus 研究人员将 CRISPR-Cas9 编辑试剂注入猪受精卵的基因组中，在 CD163 分子中进行精准定位，删除编码与病毒直接相互作用的结构域的单个外显子。该基因编辑没有影响 CD163 在新群体中的功能。研究人员还对编辑后的动物进行了基因分型，以确保编辑在动物之间保持一致，不存在不可预见的脱靶效应，并且潜在的繁殖群体中有足够的遗传多样性。通过筛选、编辑过的猪随后被转移到育种过程中，以建立抗蓝耳病的猪群。研究人员称能够在几代之内培育出一批种公猪（每系10~15头）和后备母猪作为基因编辑的核心猪群，利用传统育种技术实现最终的商业猪肉生产和销售。

这项研究介绍了1个规模化的基因编辑计划，该计划将单个修饰的 CD163 等位基因引入4个遗传多样性的精英猪系中，可以培育出健康的抗蓝耳病猪。这种基因编辑猪在受到 PRRS 病毒攻击时，肺部和淋巴结组织中没有感染或病毒复制的迹象。这可能是首次将 CRISPR 基因编辑整合到牲畜育种计划中，并可能完全消除一种猪的主要传染病。

（信息来源：GenengNews 网站）

优化育种策略，降低我国奶业温室气体排放

中国农业科学院联合瓦赫宁根大学以中国典型奶牛场为例，结合生命周期评估和生物经济模型来量化不同选育性状在各生产阶段所产生的温室气体，并通过选择指数理论对所研究的育种目标性状进行优化，从而达到实现温室气体排放减少，提升农场经济效益的目的。研究成果发表于《清洁生产》（*Journal of Cleaner Production*）。

研究结果显示，通过优化育种选择指数，下一代奶牛可将每吨乳脂蛋白校正奶的二氧化碳当量排放量降低 6~10 kg，同时每头奶牛的饲养利润可提高 822~1 355 元。不同的选择指数可以在经济利润和温室气体排放之间取得不同的平衡，但是具有更高利润的指数在减少温室气体排放方面表现出较少的潜力。该研究为育种在奶牛产业中减少温室气体排放提供了深入见解，为未来实现奶牛产业的可持续发展指明了方向。

（信息来源：中国农业大学）

MSTN 和 FGF 双基因编辑调控绵羊肌纤维增生取得重要进展

近日，中国农业大学连正兴教授团队首次构建了 MSTN 和 FGF5 双基因编辑的高产肉"双肌"绵羊，揭示了双基因编辑促进肌纤维增生的分子机制。研究成果在线发表于生物学综合期刊 *eLife*。

肌肉的产量和质量是畜禽重要的经济性状。肌肉生长抑制素（Myostatin，MSTN）和成纤维细胞生长因子 5（Fibroblast growth factor 5，FGF5）分别为肌肉发育和毛发生长的负调控因子，利用 CRISPR/Cas9 基因编辑技术制备 *MSTN* 和 *FGF5* 基因编辑动物，可极大改善畜禽产肉量和产毛量。

这项研究通过优化 Cas9 mRNA 与 sgRNA 的递送比例至 1∶10，显著提高了双等位基因纯合突变的效率。基于此制备的 *MSTN* 和 *FGF5* 双基因编辑绵羊的 *MSTN* 基因第 3 外显子缺失 AGC 3 个碱基，造成 Myostatin 蛋白成熟区第 73 位半胱氨酸的缺失，*FGF5* 基因产生了 5 bp 和 37 bp 缺失的复合杂合突变类型，从而培育出了兼备高产肉、低脂肪沉积和高产细毛的绵羊新品种。F_0 和 F_1 代突变体都突出了高产肉的优良特性，单位面积中的肌纤维数量显著增加，表现为肌纤维增生的特性。该研究为优质高产肉羊新品种培育提供理论依据和参考价值，新制备的双基因编辑绵羊为骨骼肌生长发育以及肌肉萎缩和肌肉减少症等肌肉疾病提供了极好的模型。

（信息来源：中国农业大学）

首农股份首批抗蓝耳病基因编辑猪诞生

日前，首农食品集团首农股份抗蓝耳病基因编辑猪项目取得重要进展，第一批自主研制无外源 DNA 导入的抗蓝耳病基因编辑猪顺利出生。未来 2 个月内，还将陆续诞生大批抗蓝耳病基因编辑猪，这将为我国自主培育世界一流抗蓝耳病新品种奠定基础。

猪繁殖与呼吸综合征（PRRS）病毒俗称蓝耳病毒，是全球生猪产业体系共同面临的重大挑战。首农股份采用先进的无载体介导 Cas9-gRNA RNP 复合物，避免了载体骨架 DNA 的整合风险，极大降低了脱靶效应，不容易引起机体的免疫反应，可即时、快速、精确地删除猪 DNA 中的特定碱基序列。

2019 年以来，首农股份率先在基因编辑抗病猪育种领域布局，独家引进了包括 CRISPR/Cas9、CD163 靶点在内的国际专利技术和全系精英原种猪，获得两项基因编辑抗蓝耳病技术发明专利，实现了从"基因编辑技术"到"全球最优种质"的完全自主可控。多年来，首农股份聚焦多品类动物育种和产业化，致力于打造全球领先的综合性高科技育种企业，已建立了技术引进、原创研发、生物安全、基因扩散"金字塔"等商业化育种工程体系。

（信息来源：首都建设网）

西班牙开发基于 CRISPR-Cas9 调控家畜性别的方法

由西班牙国家农业和食品技术研究所（INIA-CSIC）动物繁殖研究团队开发了 1 种基于 CRISPR-Cas9 技术的方法，可使种公畜后代中雌性比例更高。该项目旨在利用 CRISPR-Cas9 技术修改 Y 染色体的基因，以产生后代以雌性为主的种公畜。

针对 Y 染色体上与性别有关的基因开展基因改造，以调控 X 染色体或 Y 染色体精子与卵细胞受精，在精子生成过程中起着关键作用。目前，已利用该技术产生了首批转基因绵羊，其余接受基因编辑胚胎移植的绵羊也将很快分娩。1 年后将对出生的雄性绵羊的精子进行分析，以确定基因改造是否影响了它们的生育能力，以及 X 染色体精子是否比 Y 染色体精子更容易使卵细胞受精。研究小组已经将该方法应用于老鼠和羊并取得较好效果，计划未来将该方法应用于奶牛。

（信息来源：西班牙国家农业和食品技术研究所）

植物育种

Benson Hill 大豆育种计划取得重大进展

近日，美国农业科技公司 Benson Hill 宣布大豆育种计划取得重大进展，将推动其种子品种在 2025 年前翻一番。最新的田间评估结果显示，Benson Hill 的第三代超高蛋白低寡聚糖（UHP-LO）非转基因大豆品种与商品转基因大豆相比，蛋白质增加 2%，产量差距仅为 3~5 BU。

Benson Hill 采用了基于人工智能的预测和数据洞察平台 CropOS® 推动其预测育种工作，在蛋白质和产量等多个性状方面取得了重大突破，超出了育种预期，最大限度地减少了产量和蛋白质之间的权衡。预计到 2025 年，Benson Hill 将提供 24 个产品组合，包括较高的蛋白质、较低的不可消化糖和更优质的油。此外，Benson Hill 的耐除草剂超高蛋白大豆品种有望于 2025 年商业化，到 2026 年种植面积和产品组合将进一步扩大。

（信息来源：AgroPages 网站）

Cibus 和 Interoc 共同为拉丁美洲开发除草剂耐受品种

近日，美国农业精准基因编辑公司 Cibus 和 Interoc 达成合作协议，共同为拉丁美洲开发水稻除草剂耐受品种。Interoc 将利用 Cibus 提供的水稻除草剂耐受性状 HT1 和 HT3，向拉丁美洲市场销售耐除草剂水稻品种及其杂交种。HT1 和 HT3 是水稻两种不同的除草剂耐受性状，Cibus 已在美国的多个季节及地点的田间试验中评估了这两种性状的性能，可满足水稻杂草和抗性管理方面的现有需求。

（信息来源：AgroPages 网站）

Cibus 和 Loveland Products 合作开发水稻性状

2月26日，美国农业技术公司 Cibus 与 Nutrien 子公司 Loveland Products 签署合作协议，为 Loveland Products 的优质水稻种子提供性状。根据协议条款，双方将致力于实现水稻耐除草剂的商业化，并重点布局美国南部市场。

Cibus 特有的高通量育种系统 Trait Machine™ 是第一个标准化的端到端半自动化作物特异性基因编辑系统，可直接在优良种质中编辑复杂的性状，并将编辑后的细胞培养成植物。Cibus 拥有为油菜籽和水稻开发的 Trait Machine 平台，并已开始将编辑的优质种质资源返回客户。

（信息来源：AgroPages 网站）

Cibus 在英国完成首轮防油菜籽荚裂田间试验

9月10日，农业技术公司 Cibus 宣布在英国已完成防荚裂（Pod Shatter Reduction，PSR）性状的初步现场测试。该研究旨在减少冬季油菜籽荚裂损失，试验所得春油菜 PSR 性状初步数据将继续用于冬油菜 PSR 性状的商业开发。

冬季油菜籽碎荚率是影响种植生产力和国家粮食安全的因素之一，产量损失可达 5%~25%。Cibus 使用专有的快速性状开发系统™（RTDS®）开发所需性状，系统包括基因修复寡核苷酸（GRON）和分子剪刀（TALEN）等技术。2022年，英国环境、食品和农村事务部首次对在本土种植的冬季油菜进行了 Cibus PSR 性状测试，PSR 田间试验结果也验证了在英国田间条件下现有 PSR 性状在受控环境中的表现。这些结果为正在进行的第二季试验奠定了基础。

（信息来源：Cibus 网站）

Cibus 在油菜持久抗白霉性状的研究方面取得重大进展

近日，农业技术公司 Cibus 宣布已成功完成油菜核盘菌抗性性状第 4 种作用模式的基因编辑，在油菜持久的抗菌核病性状研究上取得重大进展。植物的抗病能力具有多种作用模式，这些模式共同作用，形成了持久的抗病性。目前的试验结果显示，用 Cibus 的核盘菌抗性性状编辑的油菜植株对菌核病的抗性增强。

菌核病是造成油菜减产最严重的病害，也是导致大豆减产第二严重的病害，每年对 14%~30% 的双低油菜/油菜籽（OSR）田造成影响。据加拿大油菜籽理事会估计，菌核病可使油菜籽产量减少 7%~15%，受感染植株的产量损失可能高达 50%。在大豆生产区域，菌核病的患病率在 33.3%（2015 年）和 78.3%（2020 年）之间。

这项公告代表了 Cibus 在提供持久的抗菌核病性状方面取得的重大进展，其对与核盘菌相关的 4 种不同作用模式的每次编辑都具有独特性，也解决了病理学的关键方面。

（信息来源：AgroPages 网站）

CIMMYT 等机构联合研究提高小麦气候适应力的育种策略

近期，CIMMYT 联合其全球合作伙伴开展了 1 项开创性研究，通过分析未来气候情景下数千个育种品系的遗传多样性和适应性，开发具有气候适应性的小麦品种。相关研究成果发表于《自然气候变化》(*Nature Climate Change*)。

研究人员使用了由国际小麦改良网络管理的 6 个全球育种基地的 3 652 条育种品系记录，该网络由 CIMMYT 协调，涉及全球数百个合作伙伴和测试地点。研究人员模拟了未来 70 多年（到 21 世纪末）可能出现的 5 种（从稳定到严重）气候变化情景。在过去 10 年间，仅有不到 1/3 的小麦品种能够很好地适应气候升温。研究结果表明，在模拟情况中，温度升高与品种稳定性降低之间存在明显联系。随着全球小麦种植区变暖并经历更频繁的热浪，育种计划必须着眼于产量优化以外的其他方面，从气候变化、基因选择、基因—环境互作的角度分析其对产量的影响。

该研究还提到，目前地方和区域育种计划以及国际玉米小麦改良中心的定向育种，已造成许多关键农艺性状的基因库重叠，进而限制了遗传多样性的延续。因而，在开发高产气候适应性品种的育种计划中，需要增加遗传变异性和环境多样性的考量，同时还需要整合多学科力量，提高作物对温度升高的适应性和对热浪的耐受性等相关特性。

(信息来源：国际玉米小麦改良中心)

Corteva 非转基因小麦杂交技术获突破

近日，科迪华（Corteva）宣布其杂交小麦育种技术取得了革命性突破，这是一种首创的非转基因杂交技术。该技术可以达到以下目标：一是提升产量，在土地和资源量不变的情况下，产量提高 10%；二是增强抗旱性，试验表明，在水资源紧张的环境下，产量比其他品种高出约 20%；三是通过扩大亲本种子生产规模，加快新优良种质的上市速度。

在不同地点进行了两年的产量评估测试，测试地点包括内布拉斯加州、堪萨斯州、科罗拉多州和俄克拉何马州。与依赖旧技术的其他小麦杂交系统不同，科迪华全新的专有技术在试验中已被证明适用于全部小麦种质，实现了更快速的遗传增益，并且能够以商业规模提供种子。科迪华计划最早于 2027 年在北美洲推出硬红冬小麦杂交品种，并不断丰富其产品线。

(信息来源：Corteva 网站)

Gro Alliance 在美国加州开设 AI 驱动型蔬菜种子改良中心

美国种子生产公司 Gro Alliance 近日宣布，将在加州开设一家尖端的蔬菜种子改良中心。该中心是西半球唯一配备农业食品科技公司 Seed-X 人工智能驱动种子改良技术的机构，通过利用先进的成像技术和机器学习，提升种子的发芽率、纯度和物理品质。该中心的核心技术是 Seed-X 独有的 GeNee™ 技术，可以帮助客户提升种子批次的质量，减少库存，优化生产，并推动盈利能力增长。

Gro Alliance 的总裁指出，该公司在种子生产、苗圃服务和种子物流方面见长，未来与 Seed-X 的合作将使 GeNee™ 技术得到提升，促使蔬菜种子改良速度更快、效能更高，有可能彻底改变种子清洁和分级设施的定义和结构，同时大大减少低质量种子的数量，提高种子质量以及提升全行业效率。

(信息来源：Gro Alliance 网站)

ICRISAT 推出全球首个木豆快速育种协议

近日，国际半干旱热带作物研究所（ICRISAT）推出了全球首个木豆快速育种协议，以促进亚洲和非洲旱地的粮食安全。该协议大大缩短了培育具有理想性状木豆品系所需的时间，从而加快向旱地区域提供粮食的速度。

新协议优先考虑材料育种和对光周期、温度和湿度等因素的精确管理。育种周期现在可以缩短为 2~4 年，比传统的 7 年周期有明显改善。传统木豆较长的生长期和对日长变化的敏感性给育种工作带来了障碍，近 6 年来全球范围内仅推出了约 250 个品种。这种创新的快速育种方案将帮助研究人员以前所未有的速度快速培育气候适应性强、营养价值高和高产的木豆品种。

ICRISAT 继鹰嘴豆快速育种取得成功之后，将其快速育种方案扩展到木豆，以推动其全球育种计划的实施，加速作物改良。

(信息来源：Seed World 网站)

IRRI 开发低血糖指数和高蛋白转基因水稻品种

近日，国际水稻研究所（IRRI）的研究人员利用遗传学和人工智能分类方法，确定了导致水稻低血糖指数（GI）和高蛋白质含量的基因和标记。相关研究结果发表于《美国国家科学院院刊》(*PNAS*)。

该研究揭示了 1 组优良的品系，它们表现出超低 GI（低于 45%），蛋白质含量空前高（15.99%），是传统精米含量的 2 倍。蛋白质含量较高的大米品种不仅可以为消费者提供大量蛋白质和赖氨酸等必需氨基酸，还可以降低消化和吸收速度，有助于控制血糖水平。新的改良水稻品种是通过 Samba Mahsuri 的自交品种与高直链淀粉含量的 IR36 杂交培育而成。该品种将有助于解决糖尿病发病率不断上升的问题，并有益于满足数亿糖尿病高危人群对蛋白质摄入的需求，这在以大米为主食的地区有巨大的市场潜力。

(信息来源：国际水稻研究所)

Seed-X 和 Gro Alliance 共同提高蔬菜种子筛选技术

1月10日，美国农业食品科技公司 Seed-X 和玉米、大豆种子生产公司 Gro Alliance 宣布将共同在加利福尼亚州萨利纳斯（Salinas）建立1个新的服务中心，将 Seed-X 的人工智能（AI）种子改良技术 GeNee™ 推向商业化。Gro Alliance 将利用其在种子处理、物流和服务方面的专业优势运营该中心，并提高高价值蔬菜种子批次的种子发芽率、纯度及活力。该中心计划于2024年夏末开始运营。

GeNee™ 技术集成了先进的计算机视觉、专有的深度学习算法和先进的图像分类技术，能够仅通过表型分析来识别种子性状（健康、纯度、质量等），对种子不具有破坏性。GeNee™ 可分析给定批次的每粒种子，检查其内部特征，确定生存能力和基因组成，区分杂交种子和自交种子，并消除劣质种子，提高种子批次的整体发芽率和遗传纯度。这将使客户能够提高种子批次的质量，最大限度地减少未售出的库存，优化生产，并最终提高销售额和盈利能力。

(信息来源：Gro Alliance 网站)

USDA 认证首个富含动物蛋白的转基因大豆品种

Moolec Science SA 是一家在美国上市的农业科技食品原料公司，目前主要通过分子农业技术在植物中生产动物蛋白质。日前，美国农业部动植物卫生检验局已完成对 Moolec 转基因大豆品种 Piggy Sooy™ 的监管审查，认定与非转基因大豆相比，Moolec 转基因大豆积累了动物肉蛋白，其种植不太可能增加植物虫害风险。

该转基因新品种在标准大豆蛋白中添加了1种动物肉蛋白（猪肌红蛋白），通过用动物蛋白基因改造植物来创造独特的食品成分，创造了一种生产动物蛋白的新方式。Moolec 的技术方法旨在将植物解决方案的成本结构与动物解决方案的营养和功能相结合。该公司的产品组合广泛使用目标作物（如大豆、豌豆和红花）生产油和蛋白质。2023 年 6 月，该公司宣布 Piggy Sooy™ 种子实现了猪肉蛋白的高水平表达（高达总可溶性蛋白的 26.6%），并获得了技术专利。

（信息来源：Moolec Science SA 网站；ISAAA 网站）

巴斯夫推出新型高性能油菜品种

巴斯夫将在 2025 年种植季推出新型高性能 InVigor 杂交油菜品种。巴斯夫的 InVigor 杂交油菜育种项目布局澳大利亚，引入了 PodGuard®（抗裂荚）和 LibertyLink®（抗草铵膦）性状，这两种性状目前是当地 InVigor 品种所独有的。如果需要额外的除草剂模式来控制带有草甘膦抗性或其他难以管理的杂草，LibertyLink® 性状允许在生长中的作物上使用 Liberty®（草铵膦）除草剂。与传统品种相比，PodGuard® 性状具有独特的抗碎裂性，可降低成熟种子荚碎裂的概率。

InVigor LR 4540P 于 2023 年推出，是第一个同时具有高产、抗裂荚、抗草铵膦特性的品种，其早熟至中熟等级为 4.5，InVigor LR 3540P 是 3.5 早熟品种，InVigor LR 5040P 是 5.0 中熟品种。这 3 个品种都具有优良的产量潜力，目前澳大利亚所有油菜种植区都可以选择这些具备多重性状的杂交油菜品种进行种植。

（信息来源：AgroPages 网站）

拜耳等种企在阿根廷推广油料作物亚麻荠种植

5 月 2 日，拜耳官网宣布与路易达孚公司（LDC）、全球清洁能源控股公司（GCEH）开展战略合作，在阿根廷推广油料作物亚麻荠的种植，以作为拜耳 PRO 碳计划的一部分，努力推动供应链脱碳，并最终提高农业生产的效率和可持续性。

亚麻荠被用作生产先进生物燃料的低碳原料。在阿根廷冬季，亚麻荠在主要作物（如大豆和玉米）之间种植有助于保持土壤健康。GCE 是全球领先的亚麻荠生产商，在亚麻荠遗传改良方面拥有超过 18 年的历史，至 2023 年，已在美国、南美洲和欧洲签订超过 2.5 万 hm² 的供应合同。该公司致力于开发和提供最具适应性的高产亚麻荠品种，适用于春季和冬季作物，目前正在开发新的品种性状（如除草剂耐受性），未来将把亚麻荠种植引入广泛的地理区域和作物轮作。

（信息来源：拜耳网站）

拜耳联合加拿大研究机构聚力双低油菜育种

4 月 18 日，拜耳集团官网宣称加拿大拜耳作物科学公司与加拿大阿尔伯塔大学（UA）合作，大力推动双低油菜育种。

加拿大是全球最大油菜籽生产国，开发双低油菜新品种不仅可以提高种子产量，还可以赋予油菜品种更强的抗病能力。目前，阿尔伯塔大学的研究团队正在开发数百个油菜品系，同时也在评估西蓝花和羽衣甘蓝等芸薹属蔬菜的基因，以确定最适合培育新的双低油菜品系，产生最具优势的杂交品种。这些类型的植物与双低油菜密切相关，展示了可用于开发双低油菜的未开发遗传领域和油菜的遗传多样性，为高产双低油菜育种提供了优异遗传资源，将推动双低油菜杂交育种商业化应用进程。

（信息来源：拜耳网站）

拜耳在法国推广抗旱玉米新品种

近日，拜耳法国公司和农业生物技术公司 Elicit Plant 达成独家合作协议，拜耳将经销 Elicit Plant 的抗旱玉米品种 Best-a 和 EliZea，助力提升法国玉米的适应性和抗逆能力。

从 2024 年 10 月 1 日起，拜耳将成为 Best-a 和 EliZea 在法国的独家经销商。新品种在保护农业产量的基础上，可以将植物的用水量减少 20%。拜耳将通过其"Climate Field View"平台向用户提供全系列 DEKALB 种子、植物保护产品和数字工具，Best-a 和 EliZea 产品也将通过该平台进入市场。此次合作不仅旨在扩大 Elicit Plant 生物解决方案的覆盖范围和市场份额，还旨在利用拜耳在可持续农业方面的专业知识。合作产生的影响力将主要体现在提高作物产量、使农作物更具适应性和抗逆能力，以及提升农业的可持续性等方面。

（信息来源：AgroPages 网站）

大北农生物与博瑞迪在转基因玉米性状整合等六大领域展开深度合作

8月2日，北京大北农生物技术有限公司（简称"大北农生物"）与石家庄博瑞迪生物技术有限公司（简称"博瑞迪"）正式签署战略合作协议，在生物育种领域的合作迈入崭新阶段。

大北农生物与博瑞迪将在转基因玉米性状整合、检测业务、分子实验室服务、技术培训与交流、软件开发、项目合作等多个领域展开深度合作，推动生物育种技术的产业化进程，确保产品的合规性和市场竞争力，提升双方在生物育种领域的专业技能与知识储备，促进双方在生物育种领域的深度合作与资源共享。

大北农生物长期致力于玉米、大豆等主要农作物的精准生物育种及关键性状研究，其自主研发的转基因玉米性状产品，如保抗®、倍抗® 等，已获得农业转基因生物安全证书和市场的广泛认可。博瑞迪在动植物分子检测和育种技术领域具有丰富的经验和先进的技术，可以提供重测序、二代测序、农业 CRO 等多元化服务。双方将以此次合作为契机，共同推动生物育种技术的创新发展。

（信息来源：AgroPages 网站）

德国利用克隆性细胞生产无性杂交种子

德国科隆马克斯·普朗克植物育种研究所（MPIPZ）的新研究建立了 1

个系统（MiMe）用于在栽培番茄中产生无性系细胞，并利用系统设计其后代的基因组。来自母本的无性系卵子与父本的无性系精子受精后，产生了包含父母双方完整遗传信息的植物。研究结果发表于《自然遗传学》（Nature Genetics）。

这项新研究的突破性在于，研究人员首次利用克隆性细胞通过他们称之为"多倍体基因组设计"的过程来设计后代。通常情况下，性细胞拥有1套减半的染色体（如人类的46条染色体减少到23条；番茄的24条染色体减少到12条），而MiMe性细胞是通过克隆获得的，因此染色体组的减半不会发生。这项研究将来自1株MiMe番茄植株的克隆卵细胞与另1株MiMe番茄植株的克隆精子结合受精，由此产生的番茄植株包含了父母双方的完整基因组——拥有48条染色体。通过设计，所有来自杂交父母的有利特征都集中在了1株新型番茄植株中。

由于番茄与马铃薯在基因上关系密切，团队认为可以在马铃薯及其他作物上轻松应用该系统，还指出，番茄MiMe系统在未来也可用作无性系种子生产，将大幅降低杂交种子的生产成本。

（信息来源：德国科隆马克斯·普朗克植物育种研究所）

高产黄瓜育种调控机制取得新进展

中国农业大学研究揭示了R2R3-MYB转录因子CsRAXs在调节黄瓜叶片大小和结果能力方面的新功能。研究结果4月5日发表于《植物学报》（Journal of Integrative Plant Biology）。

叶是植物主要的光合作用器官，其光合效率直接影响植物的生长、发育和整体生产力，进而决定作物产量和生物量。深入解析叶片发育的调控机制对于粮食安全和生态系统更新至关重要。为此，研究人员探索了CsRAXs在黄瓜生长中的作用。结果发现，转录因子CsRAX1/2/5通过CsUGT74E2介导的黄瓜生长素糖基化作为叶片大小和结果能力的负调节因子。在Csrax1/2/5突变植物中，突变CsRAX无法刺激CsUGT74E2表达，导致生长素糖基化减少和游离生长素升高，从而促进了细胞分裂，导致黄瓜叶片增大、结果能力增强。研究结果阐明了CsRAXs在叶片大小和结果能力发育过程中的新功能，并为高产黄瓜品种的分子育种提供了基因资源。

(信息来源：ISAAA 网站；中国农业大学)

国际水稻研究所开发水稻快速育种方案

国际水稻研究所（IRRI）的科学家开发出 1 个强大的水稻快速育种方案，名为 SpeedFlower，可以在 1 年内培育出 4~5 季水稻，几乎是现有育种方法效率的 2 倍。采用该方案可以在更短时间内培育出高产、气候适应能力强、营养丰富的水稻新品种，显著提高水稻的遗传增益，最终促进全球粮食安全。

SpeedFlower 的重点是优化光谱、光照时间、光照强度、光周期、温度、湿度以及其他加快水稻生长、开花和成熟的变量。研究结果表明，与自然条件下相比，测试水稻品种的开花时间仅为 60 d，种子成熟时间缩短了 50%。研究人员从 3 000 水稻基因组计划（3K RGP）中选择了 198 种基因型的子集，代表了水稻的 12 个不同亚群，在印度瓦拉纳西的 ISARC 的快速育种设施中进行验证优化。根据它们的分子多样性、不同花期和地理位置选择亚群，在田间条件下，这些基因型的开花时间为 58~127 d，优化后所有 198 个基因型都在 58 d 内成功开花。该方案显著减少了光敏基因型和晚熟基因型的开花时间，以及分离代之间的显著同步问题，解决了育种计划中的主要瓶颈。SpeedFlower 标志着水稻育种领域的重大飞跃，解决了世代时间和季节限制的问题。

研究人员指出，该方案适用于籼稻和粳稻的所有成熟期（早、中、晚）品种，并可实现同步开花。目前，已在 ISARC 建立了 1 个先进的水稻快速育种设施。

(信息来源：国际水稻研究所)

国际团队开发转基因无刺经济作物

由西班牙瓦伦西亚大学（UPV）和美国纽约冷泉港实验室牵头，来自法国、加拿大、德国和英国等国的 19 个机构参与的国际研究，鉴定出导致多个物种形成刺的关键基因 *LOG*（LOnely Guy）。这项发现为开发茄子、黑莓等经济作物和玫瑰等观赏植物的无刺新品种开辟了新途径，相关研究结果发表于《科学》（*Science*）。

科研团队研究了玫瑰、茄子和枣等植物中刺状结构存在的遗传机制，这些植物的刺通常被用来防御食草动物。通过应用基因图谱技术和近十年来的多次杂交，研究人员发现，*LOG* 基因参与合成的细胞分裂素（植物激素）是这些刺和其他尖锐植物结构形成的关键，例如在谷物和多种与作物有关的野生物种中发现的刺或其他尖锐结构。研究人员利用 CRISPR/Cas 基因编辑技术去除了多个物种的刺，包括澳大利亚的"沙漠葡萄"。在玫瑰中，通过沉默 *LOG* 基因的同源物，获得了无刺的玫瑰品种。UPV 团队表示，该技术的应用将方便农作物的管理和收割，降低工人受伤的风险，减少收获后因刺造成的损失，增加消费者的接受度和消费意愿。

（信息来源：西班牙瓦伦西亚大学）

国际团队培育出低升糖指数的高蛋白水稻品种

近日，国际水稻研究所联合多国科学家成功培育出 1 种蛋白含量近 16% 的低升糖指数水稻品种。研究小组将水稻品种 Samba Mahsuri 和 IR36ae 杂交，分析了所得品系的血糖指数（GI）和蛋白质含量。结合 DNA 分析，研究人员确定 *sbeIIb* 基因对难以消化的直链淀粉含量有显著影响，进而对血糖指数有显著影响。*sbeIIb* 基因中单个字母（通常指的是单核苷酸多态性和单核苷酸变异）变化可导致血糖指数下降 60%，直链淀粉含量增加 8%。

这种 HAHP（高直链淀粉、高蛋白）新型稻米蛋白质含量可达 16%。而传统的水稻品种的蛋白质含量仅为 2%~8%。新品种还含有多种人体无法产生的必需氨基酸，如组氨酸、异亮氨酸、赖氨酸、蛋氨酸、苯丙氨酸和缬氨酸。同时，该品种的产量与现有高产水稻品种产量相当。HAHP 水稻可以通过基因组编辑创建，使用 Crispr/Cas 基因剪刀关闭 *sbeIIb* 基因，也可以使用传统的杂交方法获得，因而可获准在欧盟种植。研究团队下一步会将新发现的基因整合到未来的育种计划和在亚洲和非洲广泛种植的水稻品种中。

（信息来源：德国马普学会网站）

开发转基因蚕以创造具有新特性的蚕丝

科学家们一直在尝试改良蚕的基因以创造出具有新特性的蚕丝,特别是通过引入蜘蛛丝基因增加蚕丝的韧性。江苏科技大学的研究人员和合作伙伴探索了使用多种技术对蚕进行基因改造,例如 TALEN 和转座子介导的转化。这些方法涉及添加特定丝蛋白的基因,即蜘蛛丝蛋白和结袋虫丝蛋白。结果表明,基因工程蚕比普通家蚕能产生更多的新丝蛋白(高达 64%),丝纤维也更坚韧,部分基因工程丝纤维韧性提高了 86%。

研究人员仔细观察了丝纤维,发现韧性增加的关键原因是更高水平的结晶度。这意味着丝纤维更有组织性,犹如堆积在一起的微小晶体。此外,新基因包含有助该组织的特殊重复序列。进一步的分析表明,这种变化并没有影响家蚕的其他基因。该研究为利用基因工程家蚕作为生物反应器进行特定丝绸的生产提供了可能。相关研究成果 3 月 22 日发表于《美国国家科学院院刊 Nexus》(*PNAS Nexus*)。

(信息来源:ISAAA 网站)

美国 Ohalo 发布颠覆性植物育种技术

近日,美国农业育种技术公司 Ohalo 发布了 1 项颠覆性植物育种技术——Boosted Breeding™(增强育种),这项技术能够确保植株父本和母本的全部基因组完整传递给后代。通常,传统杂交育种方法仅将每个亲本的一半基因传递给后代。

该技术利用 Ohalo 的专有蛋白质和工艺改变了亲本植物的生殖回路。Boosted Breeding™ 改良品种的主要优势包括:增强型作物会继承双亲的所有有益特性,获得高效改良;增强型植物受益于遗传多样性的改善和新的基因网络,因此长得更快、更健康。早期试验显示,产量提高了 50%~100%。对于许多通过无性繁殖的作物(如马铃薯),首次解锁了可扩展的种子种植系统,具有较低的染病风险,所需成本和时间低于无性繁殖。目前,Ohalo 正在利用增强育种技术推进马铃薯、玉米、浆果等农业植物的改良。

（信息来源：PR Newswire 网站）

美国发现培育高产矮秆玉米的重要基因

了解玉米等植物根系生长发育的遗传机制，对于提高作物抗旱、抗瘠薄能力至关重要。美国爱荷华州立大学的1项研究明确了玉米生长素（IAA）转运载体 ZmPILS6 的功能，并对其进行了鉴定和表征，明确该基因是控制玉米地下根部和地上芽/茎生长的关键调控因子。相关研究结果5月23日发表于《美国国家科学院院刊》（PNAS）。

研究者使用"反向遗传筛选"结合其他技术追踪基因在玉米发育中的作用，发现 ZmPILS6 定位于内质网，对控制 IAA 在初生根中的空间分布起着至关重要的作用，ZmPILS6 在酵母中表达时可以主动外排 IAA。此外，ZmPILS6 的缺失导致玉米根系中显著的蛋白质组重塑。这项研究有助于增强对控制玉米根系形态发生的基本遗传决定因素的认识，已获得1项发明专利，可用于高产矮秆玉米的育种改良。

（信息来源：美国爱荷华州立大学）

美国通过改造植物基因生产工业用油

美国华盛顿州立大学（WSU）领导研究发现了与油菜籽有亲缘关系的植物 Physaria fendleri 籽油产生后改变其脂肪酸组成的遗传机制。研究人员利用这一发现对拟南芥进行基因改造，使其产生相同的脂肪酸变化。

植物油的价值在很大程度上取决于其脂肪酸组成。蓖麻籽油具有重要的经济价值和工业价值，但由于蓖麻籽中会产生一种高度危险的蓖麻毒素，因此，蓖麻植物在美国被禁止种植，只有少数国家可以合法或环保地种植这种植物。

研究团队发表在《自然-通讯》（Nature Communications）上的研究结果表明，经过基因改造的拟南芥可以产生大量类似蓖麻油的油。这一新发现的油生物合成机制有望提高工业用油的产量，也将减少工业用油对蓖麻等危险作物的依赖。未来，研究团队还将在油菜籽等传统油料作物中研究这一基因改造机制。

（信息来源：ISAAA 网站、华盛顿州立大学）

美国推出强化植物种质管理的多年计划

2023 年 11 月 17 日，美国农业部（USDA）发布了为期 10 年的"国家战略性种质和品种收集评估和利用计划"。该计划的 3 项总体战略为：战略性扩大国家植物种质系统（NPGS）植物遗传资源的管理能力；提高 NPGS 运营效率；整合和扩展 NPGS 植物种质基因型表征、表型评估和遗传增强操作。该计划由美国农业部农业研究局（ARS）国家植物种质系统与国家遗传资源咨询委员会（NGRAC）合作制定，确定了植物种质管理的优先事项、战略和制定方法，并提供 5 年和 10 年的执行计划。

NPGS 由美国农业部农业研究服务处管理，由分布在 19 个地点的 22 个基因库和支持单位组成，负责评估、表征和保存独特的种质资源，包括种子、组织、块茎和芽。这些种质资源为研究人员和育种者提供了获取遗传多样性的机会，对于开发抗虫害和环境适应性强的作物以应对新出现的疾病和害虫、快速变化的气候和市场需求至关重要。基因库目前保存着来自 100 多种不同作物约 61.7 万种独特植物种质，每年分发超过 20 万个种质样本用于研究、教育和育种。此外，NPGS 科学家还开展研究，以增强维护和改进种质的方法，同时确保与这些重要材料相关的所有信息和数据均可通过全球种质资源信息网络（GRIN）获取。

根据国会在《2018 年农业提升法案》中的指示，该计划概述了当前 NPGS 的状况、优势和劣势以及管理植物种质的运营能力，包括获取、维护、表征、分配、评估和遗传增强。计划成功实施后，将可以保存好更多无病、可靠、可用于研究和育种的植物种质，提高对种质内在遗传变异和高价值性状的认识，获取、保护和开发具有价值性状的植物新种质。

（信息来源：USDA-ARS 网站）

美国推出首个三倍体大麻种子系列

以大麻育种技术闻名的美国大麻种植商 Trilogene Seeds 近日推出首个三倍体 THCa 种子系列。这些改良种子的优势在于减少种子产量、减少无籽花产量、潜在提高花产量、提高作物均匀度，以及显著改善花形态和毛状体密度。

多倍体遗传学是指具有两组以上染色体的植物，通过引入遗传变异性和增加复杂性，在植物的进化和多样化中起着关键作用。这种遗传现象在三倍体种子中尤其重要，因为三倍体种子的生物体拥有 3 组染色体，导致不育，并将植物的能量用于增强生长、代谢产物等特性，而非用于种子发育。三倍体基因这一概念早期曾应用于无籽西瓜等农作物。在大麻中引入三倍体基因，可以消除异花授粉的风险，确保大麻素水平的一致性和质量，还可能增加挥发性化合物和毛状体密度，为优化大麻种植（无论是商业目的还是研究目的）提供了新方法。

（信息来源：PR Newswire 网站）

美国针对作物改良开展 miRNA 研究

微小 RNA（miRNA）由高度结构化的初级转录物（pri-miRNA）产生，并调节真核生物中的许多生物过程。由于这些结构的极端异质性，许多 miRNA 已经预测了植物 pri-miRNA 的初始加工位点和决定其加工的结构规则，但其他 miRNA 尚不明确。

美国得克萨斯农工大学的研究人员利用精确的突变和巧妙的实验设计，重新评估了模型生物拟南芥中 miRNA 的状态，发现只有不到一半被正确识别为 miRNA，而其他的则被错误分类或需要进一步研究。除了阐明拟南芥中真正的 miRNA 分子，这项研究还提供了 1 种有效的实验设计，可以在其他作物甚至动物中进行重复研究。该团队的发现揭示了植物 pri-miRNA 的精确加工机制，帮助他们制定了设计人工 miRNA 的最新指南，为玉米、小麦、大豆和水稻等作物的改良提供了新的路径。相关研究成果发表于《自然-植物》

(*Nature-Plants*)。

（信息来源：美国得克萨斯农工大学）

美科学家开发 CRISPR 树木以提高纸张产量

美国北卡罗来纳州立大学的研究人员将机器学习和 CRISPR 技术相结合，编辑了多个树木基因，在很短的时间内创造出具有工业和环境所需特性的树木品种，有效提高树木对纸浆和造纸行业的适用性和可持续性。相关研究结果发表于《科学》（*Science*）。

研究团队使用预测性机器学习模型识别、评估了杨树的基因，从模型提供的近 70 000 种编辑策略中选择了 7 种有效策略，可同时编辑多个基因。通过使用多重 CRISPR，同时针对多个基因生成 174 个杨树品系。在温室中培育 6 个月后，与野生型树木相比，CRISPR 树木在所需的木材特性方面表现出显著改善，木质素含量最多减少 29%，纤维素和木质素的比率最高增加了 228%，可实现更高效的纤维制浆。

虽然许多经过基因编辑的树木生长速度要慢很多，但通过多重基因编辑改变木材成分，在制浆过程中去除木质素所需的能量和化学输入将大大减少，从而提高了纤维生产效率并减少了碳足迹的生成。但基因编辑的树木在野外生长的木材特性是否与温室中的一致还需要进一步验证。

（信息来源：美国北卡罗来纳州立大学）

提高玉米转化频率的研究取得进展

低转化频率一直是许多基因编辑应用的瓶颈。近日，比利时 VIB-UGent 植物系统生物学中心与美国加州大学戴维斯分校的研究团队一起，通过利用三元载体和形态发生调节因子的组合，显著提高了转化效率，为更有效的研究和创新应用铺平了道路。相关研究结果 6 月 23 日发表于《植物杂志》（*Plant Journal*）。

研究人员向农杆菌中引入了 1 个额外的辅助质粒，提高了农杆菌将 DNA

转移到玉米细胞的能力。此外，他们还使用 GRF-GIF 嵌合体（一种形态发生调节因子）增加转化细胞再生为植物的能力。研究结果表明，GRF-GIF 嵌合体与三元载体系统相结合，可以将产生的转化植物数量提高 20 倍，进一步提高了玉米基因编辑应用和分子生物学研究的效率。

（信息来源：比利时根特大学植物系统生物学中心）

我国精准改良结瘤固氮，大幅提高大豆产量和品质

广州大学关跃峰团队与孔凡江团队通过基因编辑精准调控根瘤数量，实现碳氮平衡的高效固氮，从而在大田种植条件下大幅提高大豆产量和蛋白含量。该研究提出了"优化结瘤固氮促进高产优质"的精准育种新思路，相关研究结果 5 月 9 日发表于《自然-植物》（Nature-Plants）。

该研究通过基因编辑创制了根瘤数量不同程度改变的各种大豆突变体，发现超级结瘤大豆突变体 ric-6m 和 nark 生物量减少，而根瘤增加 1 倍的 ric1a/2a 突变体生物量显著增加。同位素示踪等实验表明，ric1a/2a 根瘤数量适当提高，不仅增加生物固氮作用，还通过氮素提高了叶绿素含量，增强大豆光合效率，最终达到碳氮协同促进。ric1a/2a 中适当增加的根瘤并未像超结瘤突变体一样消耗过多碳源，因此维持了碳氮平衡。研究者在福建、河北等地开展了多年多点田间试验，新品种产量显著提升 10%~20%，蛋白质含量稳定提高 1~2 个百分点，且不显著降低含油量。这归因于 ric1a/2a 中转运到种子的碳源与氮源协同提升，以此实现协同增加产量和蛋白质的生物育种。研究者认为，通过基因编辑等生物育种手段优化大豆结瘤固氮，有望成为提升大豆单产和品质、促进绿色种植的重要途径。

（信息来源：广州大学）

我国科学家破解复粒稻遗传奥秘，助力培育高产水稻品种

近日，中国农业科学院作物科学研究所童红宁研究团队破译了农业科学领域近一个世纪关注的焦点——水稻种质资源"复粒稻"形成的遗传基础，

揭示了植物激素油菜素内酯（BR）调控水稻穗粒数的机制，为培育高产水稻品种提供了理论基础和新路径。研究成果在线发表于《科学》（*Science*）。

复粒稻是一种具有多粒簇生特点的水稻种质资源，研究团队经过多年研究，对复粒稻种质进行了大规模化学诱变，创制了 10 000 份（约 16 万个单株）复粒稻诱变株系，揭示了 BR 通过精确的分生组织转变调节穗分枝和籽粒数量的突破性作用，发现了操纵 BR 分布可以为微调作物性状提供有效的育种策略，用以最终提高作物产量。田间试验显示，通过调节 BR 培育的簇穗水稻产量可提高 11.27%~20.96%。

簇生是在植物中广泛存在的表型特征。通过对簇生辣椒、非簇生辣椒，以及具有簇生花的蔷薇和非簇生花的玫瑰进行 BR 测量比较发现，和水稻一样，簇生与非簇生之间具有类似的 BR 含量变化，这表明 BR 在控制自然界中的表型方面发挥着广泛的作用，为了解 BR 功能及其在控制不同物种相似生长模式中的作用提供了帮助。

（信息来源：AgroPages 网站）

我国首创可自我繁殖的二倍体无籽西瓜诱导体系

近日，西北农林科技大学袁黎教授课题组首次创新研发了 1 种可自我繁殖通用型二倍体无籽西瓜诱导体系，利用该诱导系可成功实现基因型不依赖的二倍体无籽西瓜高效创制，为无籽西瓜高效生物育种提供了全新技术思路和产业解决策略，也为其他无籽果实作物高效创制提供了新的切入点。研究成果在线发表于《自然-植物》（*Nature-Plants*）。

这项研究通过生物信息学方法分析、鉴定得到西瓜双受精关键调控基因 *ClHAP2*（*HAPLESS2*）。利用 CRISPR/Cas9 基因编辑技术敲除 *ClHAP2*，创制了缺失富含组氨酸结构域（His-rich）的突变体 Clhap2。突变体形态学和生理特征表型检测表明其营养生长和花粉生理特性正常。Clhap2 做母本与野生型 WT 杂交，种子发育正常；而 Clhap2 做父本与野生型杂交或自交时，表现果实无籽但可产生极少量种子的理想表型。半薄石蜡切片法细胞学精细表型检测，确认了无籽是精卵细胞无法正常融合所致。不同品种诱导实验结果证实 Clhap2 可诱导所有西瓜品种形成无籽果实，表明 Clhap2 诱导系不仅可自我繁殖，同时打破了基因型依赖。此外，为消除消费者对个别籽粒产生的食品安全顾虑，彻底分离掉了 Clhap2 后代中的 T-DNA 插入。

品质是否受影响是检验诱导系创制成功的另一核心标准。该研究利用植物生长调节剂 CPPU 诱导 3 种西瓜商品种'LLW''8424''京母（JM）'，形态学和生理指标测定显示，无籽果实表现出歪果、裂果等形态异常和果肉硬度显著提高的突出问题，而 Clhap2 诱导的无籽果实与商品种自交果实相比上述指标无显著差异。

（信息来源：西北农林科技大学）

我国首次利用基因编辑创制甘蔗单倍体新品种

近日，广东省科学院南繁种业研究所联合国内 7 家单位首次利用基因编辑创制甘蔗的单倍体诱导系，并通过体内杂交诱导甘蔗栽培品种，成功获得单倍体材料，该研究为甘蔗生物育种开辟了新的路径。研究成果在线发表于《植物生理学》(*Plant Physiology*)。

目前，甘蔗新品种选育主要通过品种间杂交，存在遗传背景复杂、基因组巨大、亲缘关系较近、周期长、效率低等问题。研究团队采用双单倍体（DH）技术，通过单倍体诱导和加倍，可有效快速固定获得的所需性状并加快纯合植株的产生，可以加速选育进程，提高育种效率。

该研究从甘蔗新台糖 22 号克隆获得单倍体关键诱导基因 *ScMTL*。利用 CRISPR-Cas9 基因编辑技术，设计了 2 个靶向 ScMTL 基因的 gRNA 序列，获得了 scmtl 突变体，即为甘蔗诱导系 T0-1。以诱导系 T0-1 为父本，与甘蔗品种粤糖 94-128 进行杂交，获得 3 株甘蔗单倍体材料，单倍体诱导率在 0.59%~0.96%。

（信息来源：AgroPages 网站）

西班牙研发富含维生素 A 的超级黄金莴苣

西班牙国家研究委员会（CSIC）和瓦伦西亚理工大学（UPV）联合开发

了一种创新方法，用于生物强化植物叶片和其他绿色植物组织，增加其健康物质的含量，如人类饮食中维生素 A 的主要前体 β-胡萝卜素，强化后叶片的 β 胡萝卜素水平提高了 30 倍。研究结果 8 月 9 日发表于《植物杂志》(*The Plant Journal*)。

研究团队利用烟草植物（*Nicotiana benthamiana*）作为实验室模型，利用莴苣（*Lactuca sativa*）作为种植模型，成功地在不影响其他重要生理过程（如光合作用）的情况下提高了叶片中的 β 胡萝卜素含量。β 胡萝卜素的大量积累还使莴苣叶呈现出典型的金黄色。研究结果表明，通过在光合作用复合体之外创造新的储存空间，可以使叶片中的 β 胡萝卜素含量增加。此外，可以通过生物技术手段将叶绿体外的类胡萝卜素合成与叶绿体内的类胡萝卜素合成相结合。

(信息来源：瓦伦西亚理工大学)

新研究加速花生作物改良

近日，广东省农业科学院和澳大利亚莫道克大学等多个机构合作开展的研究揭示了花生作物改良的新方法。研究成果 2 月 20 日发表于《自然-基因》(*Nature Genetics*)。

该研究对 390 个全球范围内收集的花生种质资源材料进行基因组重测序，表明花生可能分别被引入中国南方和北方，形成了两个栽培中心。全基因组关联研究确定了与花生 28 种农艺性状显著关联的 22309 个位点；通过候选基因分析，挖掘到调控花生株型和含油量的新基因。该研究的重要发现之一是在 B06 号染色体上鉴定出了与种子和豆荚重量相关的 *AhANT* 基因。该研究阐明了中国花生的引进与传播途径，解析了花生重要农艺性状遗传变异，揭示了花生遗传改良的分子机制，提出了深入理解我国花生遗传多样性和传播演化进程的重要线索，为全球花生的遗传改良和育种策略的优化提供了重要的遗传资源。

(信息来源：广东省农业科学院)

新研究使克隆水稻种子实现正常结实率

近日,中国水稻研究所水稻基因组编辑和无融合生殖创新团队与中国科学院遗传与发育生物学研究所李家洋院士团队合作,利用水稻内源基因 OsWUS 成功构建了新的结实率完全正常的无融合生殖体系。相关研究成果发表于《植物通讯》(Plant Communications)。

该研究首次发现水稻内源基因 OsWUS 能够被调控诱导无融合生殖,实现克隆种子的生产,同时不影响水稻的结实率。研究团队首先构建了由拟南芥卵细胞特异性启动子驱动 OsWUS 的异位表达载体,并将其转入杂交水稻春优84中。通过异位表达 OsWUS 并结合将减数分裂转变为类似有丝分裂策略,成功获得生长发育正常的材料。此外,该株系表现出与野生型杂交水稻相似的农艺性状,不仅保持了完全正常的结实率,而且呈现了较高的克隆种子效率,部分株系的克隆效率达到 21.7% 左右。这些克隆植株后代的表型也与野生型杂交水稻高度相似,同时也保持了正常结实率。该研究丰富了现有的无融合生殖基因资源,在其他杂交作物中也具有推广应用的潜力。

(信息来源:中国农业科学院网站)

英企发布高产矮秆番茄品种

近日,英国农业基因编辑育种企业 Phytoform 发布了矮秆 Ailsa Craig 番茄新品种。该品种番茄植株高度仅为传统番茄的 1/6,产量是传统品种的 5 倍。这一创新品种主要面向垂直农业,力图通过高效种植提升种植者收益,并推动垂直农业的商业模式转型。

Phytoform 通过基因编辑技术改良了番茄植株的株型与产量。传统温室中的番茄通常需 1 年才能生长成 1 条长藤,而该品种每年可进行 3 轮种植,并且在传统番茄所需的空间(约 1 m^2)内能种植 50~100 株微型番茄。该基因编辑技术显著加快了传统育种中自然变异的过程,有效缩短了育种时间。试验结果显示,这种矮秆番茄品种的增产效果明显:每株 300 g 的植株可产出 1 kg

果实，产量比传统系统提高了 180%~400%。该品种为垂直农业量身打造，植株结构紧凑、果实比例高，区别于传统品种的叶片密集特性，在单位面积内可以栽种更多植株，进一步提升产量。

Phytoform 目前与英国的 Harvest London 和 Jones Food Company 等垂直农业企业合作，并计划在美国和澳大利亚的农场试种。此外，Phytoform 正在扩大番茄品种的生产规模，以应对未来的市场需求。并计划在未来 6 个月内推出更多农作物，包括适用于露天种植的番茄和马铃薯品种。

(信息来源：AgroPages 网站)

科学家开发出富含维生素 B_1 的生物强化水稻

维生素 B_1 是人类必需的微量营养素，它的缺乏是许多神经和心血管系统疾病的原因。来自日内瓦大学（UNIGE）、苏黎世联邦理工学院和台湾国立中兴大学（NCHU）的科学家团队合作，成功提高了稻米中维生素 B_1 的含量，这是对抗维生素 B_1 缺乏症的一项重大成就。

稻米中的维生素 B_1 含量较低，抛光等加工过程会进一步降低其含量，导致 90%的维生素 B_1 含量被削减。科学家们培育出能够表达 1 种基因的水稻品系，该基因可以在胚乳组织中隔离维生素 B_1。通过在温室中对改良的水稻品种进行种植、收获和谷粒抛光，研究团队发现，新的水稻品系中维生素 B_1 的含量有所提升。将这些品系在台湾的试验田中种植数年，随后对改良和未改良的水稻植株进行株高、分蘖数、粒重和繁殖力方面的比较分析，发现两者特征相同。此外，研究还发现，即使经过抛光，改良品系稻米的维生素 B_1 含量仍较传统品种增加了 3~4 倍。

(信息来源：瑞士日内瓦大学)

美科学家通过降低植物叶绿素水平提高种子氮含量

叶绿素是植物光合作用的主要吸光色素。先前的研究表明，在现代高密度农业环境中种植的驯化作物因过度生产叶绿素而消耗了大量的氮，影响了种子中氮的积累，降低了光和氮的利用效率。为了研究降低叶绿素水平的潜在益处，美国伊利诺伊大学厄巴纳-香槟分校的研究团队创建了乙醇诱导型 RNAi 烟草突变体，其在诱导 3 小时内用小 RNA 抑制 Mg 螯合酶亚基 I（CHLI），并在田间条件下于 5 天内降低了叶绿素含量。

在植物发育后期开始减少叶绿素，可节省用于生产叶绿素及其相关蛋白的氮。结果表明，灌浆期叶片叶绿素减少>60%，可使烟草种子氮浓度提高 17%，同时保持了冠层光合作用、生物量和种子产量。这些结果表明，抑制作物生长后期叶绿素的合成可能是一种新的策略，可以解耦产量和种子氮之间的反比关系，利用抑制叶绿素合成而节省的氮，可充分保持作物的碳同化能力。该项目由比尔和梅琳达·盖茨基金会、食品和农业研究基金会以及英国外交、联邦和发展办公室资助。相关研究结果 10 月 12 日发表于《植物、细胞和环境》(Plant, Cell & Environment)。

（信息来源：美国伊利诺伊大学）

Cibus 水稻堆叠基因编辑除草剂耐受性试验取得积极进展

Cibus 农业技术公司近日宣布，为水稻种植开发了 1 种使用两种除草剂的新型杂草管理解决方案，初步田间试验取得了积极成果。如果最终成功，在水稻品种中堆叠基因编辑的耐除草剂（HT）性状将使两种具有不同作用模式的除草剂能够作用于杂草控制，为水稻种植提供更广泛的杂草控制解决方案，进一步降低使用单一作用模式除草剂时经常出现的抗性杂草风险。

Cibus 认为堆叠性状是作物育种现代化的关键因素。基因编辑不仅提供了更有效开发复杂性状产品的能力，还可以解决杂草、病害和肥料使用效率低下等主要限制农业产量的问题。该公司的植物性状知识产权产品由其快速性状开发系统（RTDS®）开发，该系统包括基因修复寡核苷酸（GRONS）和分子剪刀，以及转录激活因子样效应物核酸酶（TALENs）。

（信息来源：Cibus 网站）

Pairwise 利用 CRISPR 技术开发出首款无籽黑莓

Pairwise 是美国一家在食品和农业领域开创基因创新的公司，利用其专有的 Fulcrum™ 平台（应用于植物的 CRISPR 工具）开发出世界上第一颗无籽黑莓。

Pairwise 利用 CRISPR 工具套件和多重编辑技术，消除了浆果中的硬核，创造出柔软的小种子。研究人员预计，这一技术创新不仅会改变黑莓市场，还将为加速去除樱桃等其他水果中的种子和核开创途径。这项研究除了培育出第一种无籽黑莓，还成功对同一品种进行编辑，使其不再长刺，株型更加紧凑，为采摘者、种植者和环境带来益处。新的紧凑特性意味着植株更小，每英亩的种植密度更高。无刺和紧凑的株型使水果采摘更加高效，提高了种植者的生产力和盈利能力。早期试验数据表明，只需增加少量投入，就可以大幅提高每英亩的产量，这意味着收获同样多的水果所需的水和土地将大幅减少。

（信息来源：Pairwise 网站）

韩以联合开发耐除草剂基因编辑大豆

韩国农业生物技术公司 ToolGen 和以色列初创公司 PlantArcBio 近日达成战略合作，共同开发具有更强除草剂耐受性的基因编辑大豆，以进军全球大豆种子市场。

这一合作将利用 ToolGen 先进的 CRISPR-Cas9 技术及其在培育基因编辑大豆方面的经验，结合 PlantArcBio 用于开发和优化基因以增强作物天然性状的高通量 DIPPER™ 平台，开发对两类不同除草剂具有耐受性的大豆。新的基因编辑耐除草剂大豆品种将为大豆种植者提供更大的灵活性和更高的种植效率，也将提供一种非转基因的有效杂草管理解决方案，从而提高生产力并增强粮食安全。在不久的将来，这一合作模式将应用于更多作物和性状。

该合作得到了韩国—以色列产业研发基金会（KORIL-RDF）的支持，该基金会致力于促进韩国和以色列公司之间的技术创新。

(信息来源：FoodOnline 网站)

美研究显示，转基因 DP-3Ø5423-1 豆粕用作肉鸡饲料无不良影响

美国佐治亚大学的研究显示，转基因 DP-3Ø5423-1 全脂豆粕（FFSBM）对肉鸡饮食无不良影响，可用作肉鸡饲料。相关研究结果4月发表于《家禽科学》(*Poultry Science*)。

大豆及其副产品，如豆粕和豆油，由于其氨基酸含量和能量水平较高，是家禽日粮的重要组成部分。DP-3Ø5423-1（DP-305423）是通过引入 *gm-fad2-1* 基因片段和 *gm-hra* 基因而获得的转基因大豆，其多不饱和脂肪酸水平降低，对抗乙酰乳酸合成酶（ALS）除草剂的耐受性增强。

该研究评估了肉鸡日粮中 DP-3Ø5423-1 全脂豆粕（FFSBM）和非转基因对照 FFSBM 的营养成分，还评估了它们对家禽生产性能、身体成分、肠道形态、组织脂肪酸谱和脂肪酸代谢 mRNA 丰度的影响标记。结果表明，DP-3Ø5423-1 FFSBM 在营养上与非转基因对应物相当。饲料分析证明，除脂肪酸组成外，两者具有相似的遗传背景。

(信息来源：ISAAA 网站)

日本科学家研发富含 β-胡萝卜素的转基因茄子

日本龙谷大学和大阪都立大学的研究人员培育出高 β-胡萝卜素含量的转基因茄子，这些转基因作物的生长是在人工照明环境下完成的。研究结果发表于《植物生物技术》(*Plant Biotechnology*)。

茄子果实中含有少量类胡萝卜素，如 β-胡萝卜素，而番茄果实中含有丰富的类胡萝卜素。科学家们正在寻找增加茄子中 β-胡萝卜素含量的方法，以使其更具营养价值。日本研究人员将欧文氏菌（*Erwinia uredovora*）的 PSY 基因插入茄子中，以实现 β-胡萝卜素的积累。研究结果表明，人工光照下生长

的茄子 β-胡萝卜素含量比在温室中生长的作物高 5 倍。然而，这类转基因茄子的果实重量和体积较小，表明 β-胡萝卜素积累可能抑制了果实发育。研究结果为人工光照下选育果实中 β-胡萝卜素含量高的转基因茄子提供了有价值的信息。

（信息来源：日本龙谷大学）

首个转基因抗病香蕉品种获批用作食品

近日，澳大利亚和新西兰食品安全监管局（FSANZ）首次批准转基因香蕉品系 QCAV-4 可用作食品。这款香蕉对当前无药可治的香蕉 TR4 疫病具有抗性，可以防止疫病传播。研究团队通过将几乎对 TR4 免疫的野生香蕉品种（*Musa acuminata* ssp *malaccensis*）中的 1 种基因转移到广泛种植的卡文迪许（Cavendish）香蕉中，创造了这一突破性品种。这项研究历时 20 年，该转基因香蕉品种终于获得监管批准，成为全球首个获得澳大利亚联邦政府批准用于种植和食用的转基因水果。目前，该转基因香蕉品种被视为保护未来香蕉产业的"备用选项"，虽然安全可食用，但不会立即进入市场。

研究者指出，QCAV-4 的批准对于全球的卡文迪许香蕉产业具有重要意义，特别是在防范香蕉 TR4 疫病方面。这一成果为香蕉产业构建了重要的安全防护网，支持了香蕉产业的可持续发展。

（信息来源：《宇宙杂志》网站）

泰国批准基因编辑技术用于农业品种改良

7 月 11 日，泰国农业与合作社部部长签署了关于"申请批准使用基因编辑技术开发的生物体用于农业"的部长令，标志着泰国将积极推动新育种技术（New Breeding Techniques）的发展。该部长令将为利用基因编辑技术进行植物、动物和水产养殖的育种工作提供支持，将在发布之日起 30 天后生效。泰国农业与合作社部发布公告后，农业农村部、渔业司和畜牧发展司将分别发布运用基因组编辑技术进行植物育种、水产育种及动物育种的配套标准、方法和条件。

（信息来源：泰国日报网站）

以色列和美国科学家利用基因编辑技术培育出节水番茄

近日，以色列和美国科学家利用 CRISPR 基因编辑技术成功培育出节水且产量、质量和味道都保持不变的番茄新品种，这也为开发其他节水作物奠定了基础。相关研究成果 1 月 8 日发表于《美国科学院院刊》（*PNAS*）。

在该项研究中，研究人员利用 CRISPR 基因编辑技术，靶向 *ROP9* 基因，对番茄进行了改造。结果发现，敲除 *ROP9* 会引发植物气孔部分闭合。这种影响在植物水分蒸腾损失率最高的中午尤为明显，在其他蒸腾速率较低的时段，改良和未改良植物的水分损失率没有显著差异。为评估敲除 *ROP9* 对作物的影响，研究人员对数百种植物开展了田间实验，结果表明，敲除 *ROP9* 的植物在蒸腾过程中损失的水分较少，且对光合作用、作物数量或质量没有不良影响。研究还发现，番茄中的 *ROP9* 与辣椒、茄子和小麦等农作物中的 ROP 蛋白非常相似，该研究也为其他节水作物的开发奠定了基础。

（信息来源：以色列特拉维夫大学）

转基因生物发光室内植物首次登陆美国市场

现在，美国 48 个州的消费者可以预订到一种能发光的基因工程植物——可发浅绿色光的矮牵牛。美国生物技术公司 Light Bio 2024 年 4 月将派送一批 5 万株的转基因"萤火矮牵牛花"。根据美国农业部动植物健康检验局的数据，这种改良矮牵牛不太可能比其他矮牵牛造成更高的植物虫害风险。

1986 年，Light Bio 创始人和同事将萤火虫的荧光素酶基因植入烟草，制造出第一种发光植物。研究人员对植物进行工程改造，当特定基因被激活时，荧光素酶基因也会被激活，植物就会发光，但这些植物发出的光很微弱。萤火矮牵牛之所以发光明亮，主要归功于一组来自生物发光蘑菇的基因。研究人员将蘑菇基因植入矮牵牛，使矮牵牛能够产生酶，这种酶可以将咖啡酸转化为发光分子荧光素,然后再将其循环为咖啡酸,从而实现持续的生物发光。这种萤火矮牵牛越健康,获得的阳光越多,发出的光就越亮,甚至可以达到月光的亮度。除此之外,西班牙科学家目前也正致力于创造利用蘑菇中发现的荧光素酶系统来指示压力或病毒感染的植物。

(信息来源:Light Bio)

美国研发转基因高性能工程木材品种

工程木材由传统木材制成,通常被视为钢铁、水泥、玻璃和塑料等传统建筑材料的可再生替代品。由于具有抗腐蚀性,工程木材具有比传统木材更长时间储存碳的潜力,因此使用工程木材有助于减少碳排放。但制造或加工工程木材需要使用挥发性化学品和大量能源,并产生大量废物。近日,美国马里兰大学的研究人员对杨树进行了基因改造,生产出无需使用化学品或能源密集型加工的高性能结构木材。相关研究成果8月12日在线发表于《物质》(*Matter*)。

研究人员利用1种名为"碱基编辑"的技术,敲除1种名为*4CL1*的关键基因,培育出木质素含量比野生型杨树低12.8%的杨树品种。这与加工工程木制品时使用化学处理方法(降低木材中的木质素含量)达到的效果相当。研究团队将基因敲除的杨树与未经基因改造的杨树在温室中培育了6个月,观察到两者的生长速度没有差异,结构也没有显著差异。

为了评估该转基因树木的性能,该团队利用未经处理的木材和用传统化学工艺处理的木材生产出压缩木材。研究发现,转基因杨木经直接压缩后的木材性能与非转基因杨木经化学处理后再压缩的木材性能(如抗拉强度)相当。两者都比天然木材未经化学处理而压缩的木材更致密,强度高出1.5倍以上。这项研究为以相对低成本、环境可持续的方式大规模生产各种建筑产品打开了大门,可以为应对气候变化发挥重要作用。

(信息来源:美国马里兰大学)

资源环境

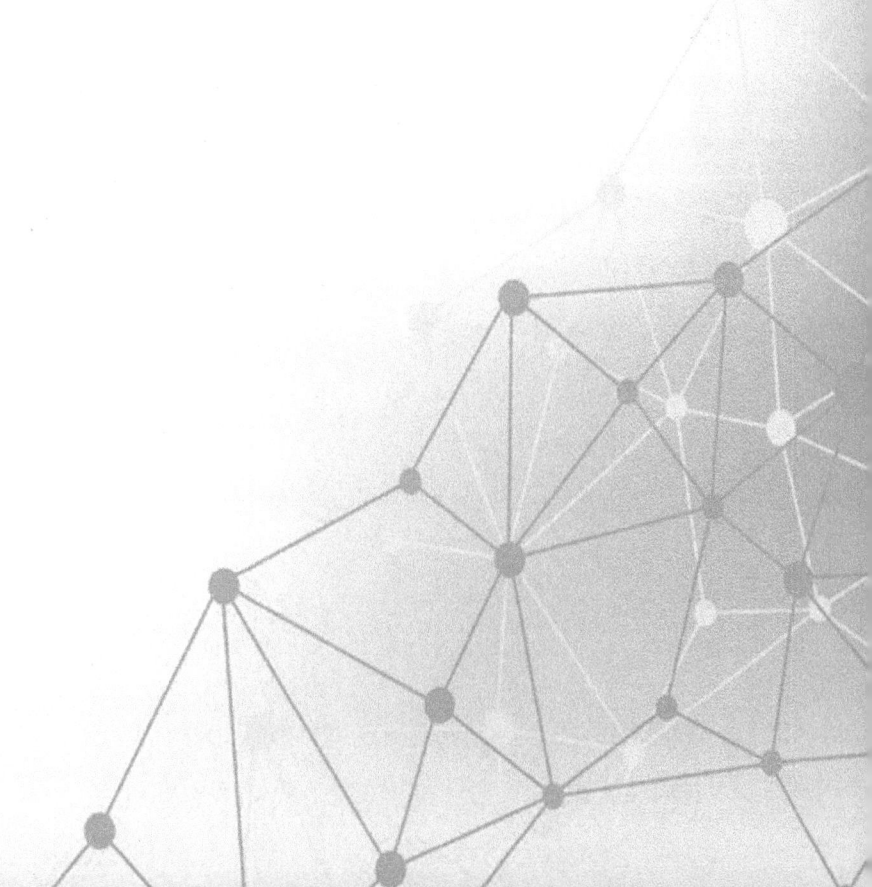

美国发布首个全球土壤病毒图谱

土壤是地球上最大的病毒储存库之一,土壤病毒圈是人类和环境健康的关键影响因素,但当前对全球土壤病毒分布、活动及其与土壤微生物群的相互作用,缺乏深入了解。

在 1 项由美国能源部(DOE)资助的研究中,由全球近 50 个组织构成的科学家联盟生成了首个全球土壤病毒(GSV)图集。这是首个全面的土壤病毒综合数据集,展示了由 2 953 个已测序的土壤宏基因组汇编而成的全球土壤病毒图谱,包含 616 935 个未培养的病毒基因组和 38 508 个独特的病毒操作分类单元。全球土壤病毒图谱的稀疏曲线表明,大多数土壤病毒多样性仍未被探索,样本间共享病毒操作分类单元的高空间周转率和低比率也进一步证实了这一点。通过研究与生物地球化学功能相关的基因,还证明了病毒对土壤碳和养分循环能够的潜在影响。这项研究对土壤病毒多样性进行了广泛的表征,并为病毒圈在土壤微生物组和全球生物地球化学中的作用提出可检验的假设奠定了基础,也为未来研究土壤病毒生态学提供了一个开放数据库。

(信息来源:Pnnl 数据库)

挪威开发减少农田 N_2O 排放新技术

挪威生命科学大学研发了 1 项新技术,通过使用有机废弃物作为基质和载体,筛选出能在土壤中生存并具有还原 N_2O 能力的细菌 *Cloaci bacterium* sp. CB-01。利用 CB-01 菌株的 NosZ 活性,在有机废料中进行培养,然后将有机废料施到土壤中,以此来增强土壤的 N_2O 还原能力,减少 N_2O 排放。研究的目标是在不牺牲农业生产力的前提下,找到 1 种成本低、效益高且可持续的减少农田土壤 N_2O 排放的方法。相关研究成果 5 月 29 日发表于《自然》(*Nature*)。

在田间实验中,使用 CB-01 菌株处理的土壤,通过施用沼气生产过程中产生的沼渣,能够将 N_2O 排放量减少 50%~95%,具体效果取决于土壤类型。

CB-01菌株在土壤中的持久性和对N_2O排放的长期影响与其在土壤中的稳定性有关，而不是其生物动力学参数，同时CB-01的添加对土壤微生物群落的结构和多样性没有负面影响。在欧洲使用CB-01技术预计可以减少5%~20%的人为N_2O排放，如果包括其他有机废料，减排潜力可能更大。

（信息来源：挪威生命科学大学）

全球土壤无机碳分布格局及其动态研究取得进展

近日，中国科学院联合北京大学、清华大学、浙江大学、北京林业大学、美国康奈尔大学、科罗拉多州立大学、法国气候与环境科学实验室等8个国家的26家单位的相关学者，使用数字土壤制图技术估算了全球2m深度的土壤无机碳（SIC）的规模和分布，并首次揭示了全球土壤无机碳储量的脆弱性，对精准模拟预测气候变化下土壤碳库的动态具有重要意义。研究成果4月11日在线发表于《科学》(Science)。

在该研究中，研究团队收集构建了全球土壤无机碳数据集（55 077个土壤剖面，223 593个样本），通过融合影响土壤无机碳变化的驱动因素，开发数据驱动的双类别土壤无机碳密度预测模型，系统估算了全球2m土壤无机碳的储量及其空间分布格局，识别出土壤无机碳空间变异的主要环境驱动因子。通过构建无机碳与土壤pH值的通用函数关系揭示碳酸盐的化学计量特征，预测不同共享社会经济路径（SSP）情景下，pH值变化与无机碳储量的空间耦合机制，估算本世纪末土壤pH的变化对表层（0.3 m）土壤无机碳的影响。

全球土壤在表层2m深度以SIC形式储存了（23 050±6 360）亿t碳。在未来的情景下，与氮素投入相关的土壤酸化将在未来30年内使全球表层0.3 m的土壤SIC减少多达230亿t，其中，印度和中国受到的影响最大。对当今陆地—水碳清单和内陆—水碳酸盐化学成分的综合研究表明，每年至少有11.3亿±3.3亿t无机碳通过土壤流失到内陆水域，从而对大气和水圈碳造成巨大但被忽视的影响。

（信息来源：中国科学院）

我国建立全球玉米和小麦生产土壤活性氮损失清单

近日,南京农业大学邹建文团队研究建立了全球尺度上高精度的玉米和小麦生产氮肥施用引起的土壤活性氮(Nr)损失清单,并为优化田间管理措施减少土壤 Nr 损失提供了新的见解。相关研究成果 9 月 17 日在线发表于《自然·地球科学》(*Nature Geoscience*)。

研究团队汇集了全球 560 篇文献涵盖 472 个观测位点的田间原位观测数据,运用构建的机器学习模型,分析了全球玉米和小麦生产的氧化亚氮(N_2O)排放、一氧化氮(NO)排放、氨(NH_3)挥发、氮素淋溶和径流 5 种途径活性氮损失系数的空间分布特征,估算了土壤 Nr 损失总量及其引起的间接 N_2O 排放,并进一步探究了优化氮肥利用率(NUE)情景下的氮损失减排潜力。结果表明,2020 年全球玉米和小麦化学氮肥投入引起的 5 种 Nr 损失总量分别为 446 万 t 和 369 万 t,分别占氮肥投入量的 22%和 19%,并引起了 4.5 万 t 和 3.7 万 t 间接 N_2O 排放,其中水文起着主导作用。通过优化施肥管理提升 NUE 可最高减少近 50%的土壤 Nr 损失。该研究为全面了解全球旱作粮田氮肥施用引起的土壤活性氮损失强度、主要驱动因素及其优化管理情景下的减缓潜力提供了科学数据,同时也为科学评估全球土壤氮循环的气候反馈效应提供了重要参考和关键参数。

(信息来源:南京农业大学)

我国科学家揭示三大粮食作物农田氨排放的驱动因素

近日,南方科技大学环境科学与工程学院郑一教授团队采用机器学习方法预测农田氨排放因子并产出高分辨率全球排放数据,揭示了三大粮食作物(水稻、小麦和玉米)农田氨排放的驱动因素和全球格局,评估了因地制宜优化农田肥料管理的减氨潜力。该成果 1 月 31 日发表于《自然》(*Nature*),被评价为"目前最为详细的一项全球性研究,代表可持续农业和氮管理科学研究迈出了重要一步"。

氨（Ammonia）是主要的大气污染物之一，是雾霾形成的重要推手。农田氨排放是大气首要污染源，约占全球人为源氨排放总量的51%~60%，而其中一半以上源自水稻、小麦和玉米种植。

研究结果表明，气候、土壤属性、作物类型、施肥特征、灌溉量、耕作方式等六大类变量是全球范围准确预测氨排放的因子（$R^2>0.80$）。通过构建大数据驱动的随机森林模型，产出5弧分（约10 km）网格精度的全球农田氨排放因子和排放强度数据集，重新计算了2018年全球水稻、小麦和玉米的氨排放总量为4.3 Tg N，3种作物分别贡献41.1%、30.2%和28.7%。这一估计显著低于以往研究，主要原因是之前研究在计算排放因子时未全面考虑农田肥料管理措施的作用。

新模型、新数据为研究农田肥料管理对氨排放的影响提供了全球视角。全球平均而言，免耕条件下单次或多次表施尿素对应最高的氨排放因子，而传统耕作条件下单次深施高效肥对应最低的氨排放因子。由于自然条件的差异，各地通过农田肥料管理实现氨减排的优化路径不尽相同。

新模型、新数据为准确评估农田肥料管理的减氨潜力提供了科学支撑。结果显示，在2018年基线情景下，全球优化农田肥料管理最高可实现三大作物种植氨排放总量减少1.6 Tg N（减排38%），小麦、玉米和水稻分别贡献26%、27%和47%的减排量。机器学习模型预测，2030—2060年全球农田氨排放总量将分别增加4.0%和5.5%。因此，优化农田肥料管理的减氨潜力（38%）仅需兑现15%即可抵消这部分增量。不过，气候变化对农田氨排放的影响存在显著区域差异，中国、印度、美国、巴西等氨排放显著增加的国家具有优化农田肥料管理的迫切性。

这项研究给出了全球农田氨排放的高清图景，为世界各地实施差异化减排措施提供了指导性建议，并且对于防治雾霾、保障粮食安全的政策制定与管理实践具有重要指导意义，也展示了大数据与人工智能支撑可持续发展目标（包括"零饥饿""良好健康和福祉""应对气候变化"等）的巨大潜能。

（信息来源：南方科技大学）

动物疾病防治

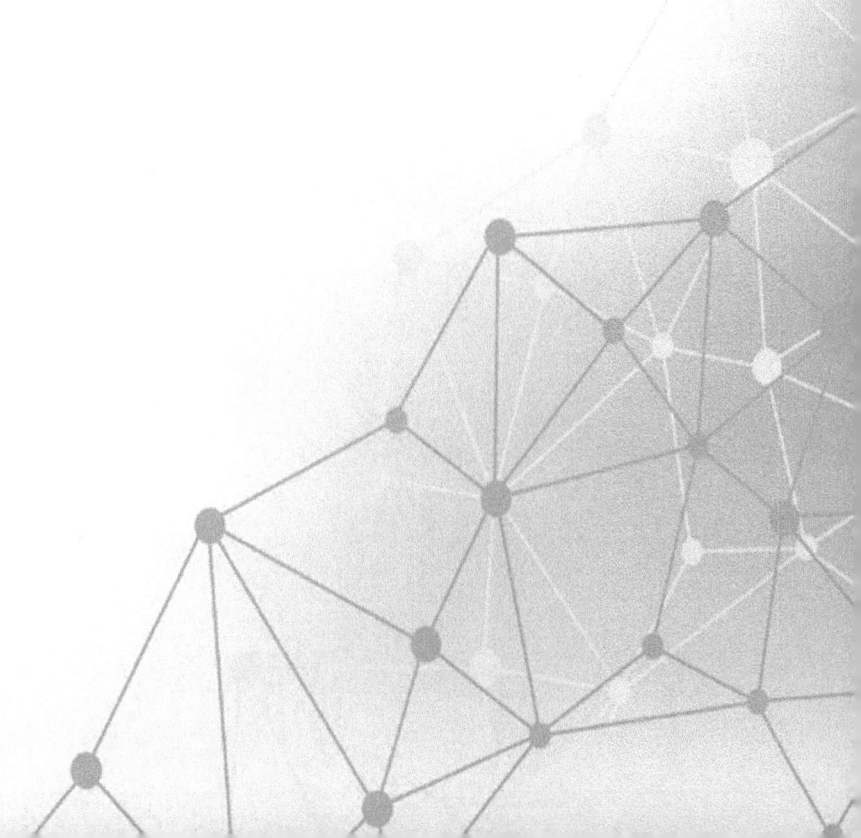

USDA将全球非洲猪瘟病毒重新划分为6种基因型

美国农业部农业研究服务局（USDA-ARS）11月13日宣布，研究人员已将非洲猪瘟（ASF）病毒株的数量从25种重新分类为仅6种独特的基因型。这项科学创新可能有助于重新定义对全球非洲猪瘟病毒（ASFV）分离株的分类方式，并可能使科学家更容易开发出与不同地区流行毒株相匹配的疫苗。这项工作涉及重新分析全球ASFV实验室产生的1.2万种历史和当前病毒分离株，ARS的研究人员利用SciNet超级计算机集群的计算能力实现了这项分析工作。相关成果11月11日发表于《病毒》（Viruses）。

此前，全球范围内已鉴定出25种不同的病毒基因型。ASF的研究发现，实际上，独特的基因型比目前认同的种类要少，这意味着影响全球的ASFV多样性较少。这一信息很重要，可能减少预防ASFV基因型所需的疫苗数量。病毒的准确分类对于流行病学调查和制定具有成本效益的对策至关重要。

（信息来源：USDA-ARS）

贝索斯地球基金投资940万美元研制牛甲烷疫苗

英国皮尔布莱特研究所和皇家兽医学院开展合作，探索新疫苗减少牛甲烷排放的可行性。该项目获得了贝索斯地球基金（Bezos Earth Fund）940万美元的资助，利用先进生物技术探索疫苗将牲畜甲烷排放量减少30%以上的机制。

牲畜是甲烷的主要来源，而甲烷是一种强效温室气体。贝索斯地球基金与全球甲烷中心合作，旨在通过低甲烷基因、改良饲料和优化牧场管理实践来减少甲烷排放。所有这些方法都可在特定的地理区域和不同牧场类型中发挥作用。然而，疫苗提供了一种通用的解决方案，能够无缝集成到现有的农场管理系统中，同时又具有成本效益。该项目包含两个关键部分。

免疫反应的早期发展：皇家兽医学院将与西班牙国家研究委员会（CSIC）合作，研究产甲烷微生物（甲烷菌）如何以及在何时定植于小牛的消化道，免疫系统如何作出反应。他们将利用多组学、组织学和免疫学等先进技术深入了解这些早期相互作用。同时，还将开发带有荧光标记的甲烷菌，以追踪微生物间的相互作用。

抗体反应与疫苗开发：皮尔布莱特研究所和农业研究公司的科学家将识别和鉴定有效针对甲烷菌所需的特定抗体，包括从免疫牛体内分离抗体，并在实验室条件下测试其有效性。通过驱动交叉反应性抗体反应并生成抗体组，以确立甲烷疫苗的概念验证。

该项目将为全球甲烷疫苗计划奠定基础，有望为减少畜牧业温室气体提供可行的解决方案。

（信息来源：贝索斯地球基金）

非洲猪瘟防治药物研究取得重要进展

近日，华南农业大学兽医学院药理团队开发了用于防控非洲猪瘟病毒的具有临床使用价值的药物。相关成果在线发表于《国际生物大分子杂志》(*International Journal of Biological Macromolecules*)。

千金藤碱（CEP）是一种天然存在的双苄基异喹啉类生物碱，在日本被批准用于治疗毒蛇咬伤、分泌性中耳炎、白细胞减少症和斑秃等多种疾病。研究人员通过病毒感染细胞模型筛选抗非洲猪瘟病毒（ASFV）药物/化合物，发现双苄基异喹啉类生物碱在猪原代肺泡巨噬细胞中具有显著抑制 ASFV 增殖的作用，其中 CEP 的抑制作用最强，半数抑制浓度（IC50）为 1.08 μM。进一步的作用机制研究发现，CEP 可与热休克蛋白 Hsp90 结合，从而抑制 Hsp90 与伴侣蛋白 Cdc37 复合物的形成，下调病毒感染诱导的细胞 Hsp90-Cdc37/AKT/糖酵解和 Hsp90-Cdc37/AKT/NF-κB 信号通路的活化，减少糖酵解代谢产物乳酸和炎症因子 IL-1β 的产生，从而抑制 ASFV 的增殖。该研究揭示了 Hsp90-Cdc37 复合物和糖酵解是潜在的开发抗 ASFV 药物的新靶标，并为 CEP 等双苄基异喹啉类生物碱在兽医临床上可能用于非洲猪瘟的防治提供了科学依据。

（信息来源：华南农业大学）

科学家揭示 H_2N_2 流感病毒跨种传播机制与潜在风险

近日,中国科学院微生物研究所研究员毕玉海团队和中国科学院院士高福团队发现了 H_2N_2 大流行病毒结合人源受体的新分子机制,预警了当前在家禽中流行的 H_2N_2 禽流感病毒的公共卫生风险。相关研究成果 11 月 19 日在线发表于《自然-通讯》(*Nature Communications*)。

H_2N_2 大流感病毒的 *HA* 基因来源于禽流感病毒,HA 蛋白主要负责与宿主受体结合。该团队鉴定到一种 H_2N_2 新型禽流感病毒,其具有人源和禽源受体结合的能力。研究还发现,1957 年大流行初期的 H_2N_2 病毒同样具有人源和禽源受体的亲和特征。而随着病毒流行,H_2N_2 病毒逐渐适应人群,转变为主要结合人源受体。这提示 H_2N_2 病毒在流行中逐渐适应人群的动态变异过程。

进一步的研究发现,HA 蛋白 R137M 或 N144E 的单独突变,促使 1957 年 H_2N_2 大流感病毒由人源和禽源双受体结合转变为主要结合人源受体。同时,HA 蛋白上的 N144S 突变,是导致鉴定的新型 H_2N_2 禽流感病毒结合人源受体的关键。研究在蛋白水平发现,HA 蛋白 N144S 结合 Q226L 或 Q226L-G228S 突变,导致新型 H_2N_2 禽流感病毒具有主要结合人源受体的能力。研究鉴定了 H_2N_2 病毒 HA 蛋白上影响受体亲和的两个新的关键位点——137 和 144,揭示了 H_2N_2 流感病毒跨种传播的新机制;发现并预警了促使 H_2 流感病毒结合人源受体的突变模式。

研究显示,H_2N_2 新型禽流感病毒可以感染人源细胞,还可以感染、快速适应哺乳动物,甚至在哺乳动物中有限传播。同时,当前流行的 H_2N_y 禽流感病毒的 *HA* 基因进化出独立分支,并与 H_2N_2 大流感病毒发生抗原漂移。尽管 1968 年前出生的人群存在针对 H_2N_2 大流感的抗体,但对新型 H_2N_2 及流行的 H_2N_y 禽流感病毒基本没有交叉反应,表明人群对 H_2N_y 禽流感病毒缺乏有效免疫保护力。这提示当前动物中流行的 H_2N_y 禽流感病毒对人类构成一定风险。

(信息来源:中国科学院微生物研究所)

科学家揭示肉鸡腹部脂肪沉积的遗传调控机制

近日，东北农业大学在肉鸡研究方面取得新进展，从三维基因组角度揭示了肉鸡腹部脂肪沉积的遗传调控机制。相关成果10月28日发表于《自然-通讯》（Nature Communications）。

过度的腹脂不仅影响肉鸡饲料转化效率，降低种鸡繁殖性能，影响肉质，还会增加死亡率，给养鸡业带来巨大的经济损失。然而，肉鸡腹脂性状是典型的数量性状，受微效多基因调控，其调控机制非常复杂。国内外学者已经获得了一批与肉鸡腹脂性状表型变异具有统计学关联的基因组变异，但是其影响表型变异的作用机制大部分仍是未知。

东北农业大学团队将染色质空间构象作为连接基因组变异与转录调控的纽带，从三维基因组角度鉴定影响肉鸡腹脂沉积的关键基因组变异并解析其具体调控机制。该项研究通过整合表型、基因组、表观组、三维基因组、转录组等多组学数据，全面绘制了与肉鸡脂肪性状相关的功能变异、顺式调控元件、转录因子、三维基因组结构及目标基因的三维调控网络，从而解析了基因组变异调控基因转录最终影响肉鸡腹脂沉积的具体机制。此外，该研究阐述了基因组变异如何通过改变染色质的三维构象，影响目标基因的转录，最终影响肉鸡腹脂沉积。

该研究成果将为深入解析肉鸡脂肪组织生长发育的机理提供重要的信息，为相关研究提供宝贵的证据。同时，该研究鉴定出的关键基因组变异具有潜在的育种价值，可为肉鸡腹脂性状的分子育种提供重要的靶点。

（信息来源：东北农业大学）

兰兽研解析口蹄疫病毒抗原结构

近日，中国农业科学院兰州兽医研究所口蹄疫防控技术团队研究揭示了口蹄疫病毒粒子裂解后免疫效力显著降低的具体机制，提出了以结构为导向的口蹄疫新型多价广谱疫苗的设计建议，为进一步改进疫苗质量提供理论依据。相关研究成果发表于《自然-通讯》(Nature Communications)。

口蹄疫完整病毒粒子和五聚体抗原均具有多个保守表位与免疫原性相关，完整病毒抗原占比高的口蹄疫灭活疫苗效力比单纯五聚体抗原好，细胞免疫应答也依赖于完整的病毒粒子抗原并协助诱导中和抗体。尽管口蹄疫病毒与宿主免疫系统的相互作用已被广泛研究，但出现这种免疫原性差异的机制尚不清楚。

该研究解析了五聚体抗原—单域抗体复合物的高分辨率原子结构，以及两种中和性抗体与完整病毒粒子复合物的高分辨率原子结构，揭示了原子分辨率下病毒抗原性变化的特征，解决了口蹄疫研究中长期悬而未决的问题，扩展了对口蹄疫病毒抗原表位分布和抗体反应的全面理解，是口蹄疫病毒结构和抗原性研究方面的突破。

（信息来源：中国农业科学院兰州兽医研究所）

美国利用机械学习方法预测动物的急性疼痛

美国佛罗里达大学兽医学院基于深度学习的视频记录模型自动预测山羊的急性疼痛。相关成果11月7日发表于《科学报告》(Scientific Reports)。

面部表情在动物交流中至关重要，已经开发出基于不同物种面部表情的疼痛评估量表。随着跨物种证据的不断增多，自动疼痛识别为手动注释提供了有效的替代方案。

这项研究采用机器学习方法，利用预训练的VGG-16基础模型和支持向量机分类器，在医院环境中实现山羊的疼痛自动识别，并评估了不同的帧提取率和验证技术。研究对象包括佛罗里达大学大型动物医院收治的不同品种、年龄、性别和健康状况的山羊。使用UNESP-Botucatu山羊急性疼痛量表确定疼痛状态。最终数据集包括来自40只山羊（20只疼痛，20只非疼痛）的图像，其中每秒1帧（FPS）提取率下包含2253张"非疼痛"图像和3154张"疼痛"图像，每秒3帧提取率下包含7630张"非疼痛"图像和9071张"疼痛"图像。这些图像被用于训练基于不同方法深度学习模型。模型的输入是原始图像，目标属性（模型输出）是疼痛的存在与否。在单次训练—测试拆分和5倍交叉验证中，模型达到了约80%的准确率，而基于受试者的10倍交叉验证显示平均准确率超过60%。这些发现表明了机器学习在山羊疼痛评估方面的应用潜力。

（信息来源：美国佛罗里达大学兽医学院）

水禽抗禽流感适应性免疫机制研究重要进展

中国农业大学生物学院与动物医学院合作，在国际上首次绘制出家鸭MHC基因图谱，并对MHC区域基因家族进行深入分析。相关成果1月21日在线发表于《BMC生物学》（*BMC biology*）。

为克服MHC区域基因密度大、多态性高，常规的BAC测序和全基因组组装测序均难以获得该区域基因组序列图谱等卡点，研究团队运用三代单分子和二代测序数据，结合光学图谱和高通量染色体构象捕获技术的辅助组装方法，成功构建包含40条染色体的北京鸭参考基因组序列（SKLA1.0），并注释了17896个编码基因和66217条转录本。与国际上现有4个北京鸭基因组、模式生物鸡和斑胸草雀高质量基因组相比，SKLA1.0具有更高的连续性（比北京鸭基因组提高近6倍），且基因组序列和注释基因集更为完整。

该研究基于高质量的北京鸭参考基因组序列SKLA1.0，在国际上首次构建了鸭MHC区域完整的基因组序列图谱和基因图谱，发现鸭的MHC保留原始两栖动物该区域的核心基因框架，但是显著扩增MHCI和MHCII类分子、自然杀伤细胞受体以及嗜乳脂蛋白基因。研究人员进一步分析鸭MHC基因家族功能，揭示鸭抗禽流感病毒的适应性免疫机制，既可解释鸭具有更强的抗禽流感能力的重要原因，也为水禽禽流感疫苗改进提供了新的思路。

（信息来源：中国农业大学）

我国揭示非洲猪瘟病毒Topo Ⅱ的功能机理和重要机制

8月21日，中国科学院微生物研究所高福团队在《核酸研究》（*Nucleic Acids Research*）在线发表的研究成果解析了非洲猪瘟病毒Ⅱ型DNA拓扑异构酶（Topo Ⅱ）pP1192R介导DNA拓扑结构改变的分子机制，揭示了pP1192R

这一目前唯一已知的哺乳动物病毒 Topo Ⅱ 的抑制剂偏好性和全新的抑制剂作用机理，并提出了详细的药物靶点信息。该成果为非洲猪瘟病毒复制机制的解析奠定了基础，并为开发针对非洲猪瘟病毒复制阶段的抗病毒药物提供了新思路。

该研究首次发现 Topo Ⅱ 抑制剂可以通过阻止 DNA 断裂并稳定非共价的 Topo Ⅱ-DNA 复合物的机制抑制 Topo Ⅱ 的酶活功能。同时，首次发现了桥接 Topo Ⅱ DNA 酶切活性氨基酸和 DNA 磷酸骨架间的金属离子。这为 Topo Ⅱ 的双离子依赖的 DNA 切割机制提供了直接证据。

（信息来源：中国科学院微生物研究所）

我国首次解析由非洲猪瘟病毒编码的全长Ⅱ型 DNA 拓扑异构酶的多构象结构

中国科学院生物物理研究所饶子和研究组首次解析了由非洲猪瘟病毒编码的全长Ⅱ型 DNA 拓扑异构酶 pP1192R 结合核酸的多构象动态复合物结构，并验证了其体外酶活，结合原子力显微镜成像和分子对接，揭示了该蛋白结合 DNA crossover 的倾向性以及潜在结合的小分子药物抑制剂。

该研究组利用多种实验手段，包括单颗粒冷冻电镜、X 射线晶体学、生化实验等进行研究，阐明了病毒Ⅱ型 DNA 拓扑异构酶的基本机制，并提供了潜在的抑制剂设计策略，为减轻非洲猪瘟病毒的影响提供了潜在的干预策略。相关研究成果 5 月 30 日在线发表于《自然-通讯》（*Nature Communications*）。

（信息来源：中国科学院生物物理研究所）

我国首次利用 CRISPR-Cas 开发基因编辑抗非洲猪瘟猪

非洲猪瘟（ASF）是一种高度致命的病毒性疾病，对全球的家猪和野猪构成威胁，对养猪业已造成重大的经济影响。华南农业大学的一项最新研究，探索了 CRISPR-Cas 系统多基因编辑在抗非洲猪瘟病毒（ASFV）方面的潜力。该研究表明，活体长期表达特异性靶向病原体基因组的 CRISPR-Cas 有望成为抑制 ASFV 复制和感染的有效手段。相关研究成果发表于《微生物学谱》(*Microbiology Spectrum*)。

该研究中，团队设计了 CRISPR-Cas 系统，针对 ASFV 基因组内的 9 个特定位点进行剪切和破坏，并在体外细胞中观察到了该基因工程改造对于病毒复制有显著抑制作用。团队进一步通过基因编辑稳定插入 CRISPR-Cas 到猪的细胞，并通过克隆技术做出了长期表达靶向非洲猪瘟基因组的 CRISPR-Cas 的猪种。在猪活体病原体挑战实验中，基因编辑猪对于非洲猪瘟具有一定抵抗作用，然而与野生型猪相比，并没有明显的生存优势。尽管 CRISPR-Cas 不足以阻止非洲猪瘟病毒的复制，但这项研究结果为未来培育抗非洲猪瘟的转基因猪提供了重要的支持。

（信息来源：华南农业大学）

英美等国利用遗传线索培育抗流感鸡

由波兰华沙生命科学大学、美国爱荷华州立大学和英国罗斯林研究所等机构组成的研究团队发现了与鸡的禽流感抵抗力相关的 DNA 区域，这一发现将有助于培育抗禽流感家禽群。

高致病性禽流感（HPAI）毒株会对家禽种群造成毁灭性打击，并因高死亡率、产蛋量减少以及必须扑杀受感染家禽群而给农户造成重大经济损失。近年来，HPAI 疫情已影响全球蛋鸡养殖业。2015 年美国暴发的 H_5N_2 疫情，病毒致死率达 99%。在对该次高传染性禽流感大暴发中幸存下来的鸡进行研究中，研究人员发现鸡 DNA 的几个区域可能会影响自然抵抗力。罗斯林研究所团队利用血液样本分析了在这次病毒暴发中幸存下来的鸡的 DNA，并将它们与未受感染的、假定易感的鸡的 DNA 进行了比较，寻找可能揭示与耐药性相关基因的差异。结果发现了鸡基因组 9 个不同区域的特定区域，并鉴定出多个候选基因，判定流感病毒的复制依赖于宿主细胞机制的多个组成部分，许多基因参与了宿主的反应。该研究揭示了宿主反应如何帮助禽类抵抗感染。

（信息来源：英国罗斯林研究所）

猪可能是大鼠戊型肝炎向人类传播的媒介

美国弗吉尼亚理工大学和俄亥俄州立大学的研究表明，猪可能是人畜共患大鼠戊型肝炎病毒（HEV）毒株的传播媒介，该研究近期发表于《美国国家科学院院刊 Nexus》（*PNAS Nexus*）。

老鼠是戊型肝炎病毒的主要宿主，因此被称为"鼠型 HEV"。鉴于老鼠经常在猪场出没，该研究旨在确定猪是否可以作为人畜共患鼠型 HEV 的传播宿主。研究团队使用病毒基因组序列构建了 LCK-3110 的传染性克隆，克隆病毒可在多种人类和哺乳动物细胞培养物以及猪身上复制。给猪注射含有 LCK-3110 毒株或另一种 HEV 毒株的传染性溶液，一周后，在受两种毒株感染的猪的血液和粪便中均检测到了病毒，但感染大鼠 HEV 的猪的病毒水平更高。两周后，在共同饲养的猪的粪便中检测到大鼠 HEV 病毒，表明该病毒已通过粪口途径传播。尽管被感染猪的器官和体液对病毒 RNA 呈阳性，但猪并未发病，但在感染猪的脑脊液中检测到了大鼠 HEV 病毒，这意味着感染人类的各种 HEV 毒株可能会伤害大脑。研究发现猪对人畜共患大鼠 HEV 毒株的易感性可以确定其为潜在的新传播途径，这为公共卫生政策的制定提供了有价值的信息，并为大鼠 HEV 疾病防治提供了病理模型。

（信息来源：美国俄亥俄州立大学）

植物保护

Bosch 和 BASF 推出首款配备精准除草管理系统的植保喷雾器

由博世（Bosch）和巴斯夫（BASF）合资的 ONE SMART SPRAY 宣布，在拉丁美洲推出首款配备其精准除草管理系统的植保喷雾器。该款先进的 Stara Imperador 4000 Eco 喷雾器已在巴西里贝朗普雷托的 Agrishow 展会上亮相，将帮助农民提高效率、降低生产成本并减少对环境的影响。

这款新型 Stara 喷雾器完全集成了 ONE SMART SPRAY 的技术，包括 Bosch 开发的基于摄像头的系统和人工智能技术，可在同一趟路径中实现实时检测杂草，并选择性地仅在有杂草的地方而不是整个田块喷洒除草剂。该系统采用了 xarvio® 数字农业解决方案的先进数字和农业智能技术，包括杂草分布和施用区域地图、除草剂程序和施用窗口的推荐、自动化文档、智能敏感度等功能。Imperador 4000 Eco Spray 喷雾器因配备 LED 照明系统，能够 24 小时不间断地喷洒，并且在出苗前和出苗后的应用中具有出色的性能。

（信息来源：巴斯夫网站）

Iktos 和拜耳宣布使用 AI 设计可持续作物保护解决方案

12 月 14 日，法国从事新药设计的人工智能（AI）公司 Iktos 与拜耳签署合作协议，共同扩大 AI 在发现和研发新的可持续作物保护产品中的应用。拜耳将利用 Iktos 开发的生成式从头（de novo）设计软件 Makya™，根据预定义的配置文件设计新分子，并加速苗头化合物到先导化合物（hit-to-lead）以及先导化合物优化阶段，进一步优化潜在的候选分子并将其开发为先导化合物。

Makya™ 基于深度学习生成模型，可在计算机上模拟设计和优化满足多个参数（如功效、选择性、安全性和可持续性）的新分子。该技术基于全面的数据驱动化学结构生成技术，为分子发现过程带来全新的见解和方向。它还允许研究人员在虚拟环境中分析数十亿个分子，从而能够探索比以前更大的新化学空间。这种创新方法已通过药物研发领域的多次合作得到验证，现将首次用于解决作物保护问题,能够快速有效地识别和优化成功和安全的分子。

(信息来源:GlobeNewswire 网站)

国际机构评估多光谱无人机和传感器技术的作物病害监测能力

传感器等智能农业技术可以对作物侵染进行早期检测、绘图和监测,从而有助于防止大规模疫情暴发。1 项最新研究评估了利用超高分辨率卫星(VHRS)图像和高分辨率无人机(UAV)图像进行高通量表型分析,检测小麦锈病对作物早期生长阶段的影响。这项研究表明,VHRS 和 UAV 在非常高的空间和时间尺度上,可以极大助力非侵入性、广泛性、快速性和灵活性的植物生物特性测量。该研究由国际玉米小麦改良中心(CIMMYT)、埃塞俄比亚农业研究所(EIAR)和新西兰林肯农业科技有限公司合作开展,研究结果 10 月 5 日发表于《自然-科学报告》(*Scientific Reports*)。

研究团队评估了多光谱无人机、SkySat 和 Pleiades 图像作为小麦锈病高通量表型分析(HTP)和快速病害检测工具的可能性,以支持小麦改良育种。在一项随机试验中,使用 UAV 和 VHRS 监测了 6 种具有不同锈病抗性的面包小麦品种,发现共有 18 个光谱特征可作为秆锈病和条锈病发病进展及相关产量损失的预测因子。这项研究为多光谱传感器用于病害检测的升级能力提供了有力见解,证明了在早期生长阶段将病害检测从地块尺度升级到区域尺度的可能性。通过光谱分析和机器学习算法的集成对疾病进行早期检测,为减轻感染传播和实施及时的疾病管理策略提供了有效的工具。

(信息来源:国际玉米小麦改良中心)

美国发现保护植物免受极端条件影响的生物回路

美国南加州大学研究揭示了植物调节自身压力响应的细节。研究发现,植物利用生物钟来调节对水和盐度变化的反应,由转录因子 ABF3 控制的反馈回路可以被用于抗旱作物改良。这一发现为抗旱作物的培育提供了新的路径,研究结果发表在《美国科学院院刊》(*PNAS*)。

以往的植物生物学研究表明，时钟蛋白调节着植物中约 90%的基因，对植物对温度、光照强度和日照长度的反应至关重要，但时钟蛋白是否以及如何控制植物处理不断变化的水和土壤盐度水平尚未确定。研究团队创建了 1 个包含 2 000 多种拟南芥转录因子的文库，随后建立数据分析通道来分析每个转录因子并寻找关联，发现生物钟调节的许多基因都与干旱反应有关，特别是控制激素脱落酸的基因。分析表明，脱落酸水平由时钟蛋白和转录因子 ABF3 控制。

这些发现指出了两种有助于提高作物适应力的新方法。首先，农业育种者可以在昼夜节律 ABF3 回路中寻找和选择自然发生的遗传多样性，这使植物在应对水和盐胁迫方面具有提高作物产量的优势；其次，研究人员计划探索 1 种基因修饰方法，利用 CRISPR 设计促进 ABF3 的基因，进而培育出高度抗旱的植物。

(信息来源：南加州大学凯克医学中心)

美国发现调节玉米生长和防御的重要蛋白家族

美国博伊斯汤普森研究所（Boyce Thompson Institute）最近的研究发现，一种名为 COI1 的蛋白质家族可以被用于调控玉米的生长，此前的研究发现它与拟南芥和水稻等作物的防御机制相关。这项研究揭示了 COI 蛋白质如何与 DELLA 蛋白质以及植物信号传导途径中的其他成分相互作用，为提高作物的抗逆性和产量开辟了新途径。相关研究结果发表于《植物细胞》(*The Plant Cell*)。

在植物中，生长和防御通常是相互冲突的。当植物专注于防御病虫害时，由于抑制防御基因的蛋白质（JAZ）与抑制生长基因的蛋白质（DELLA）之间的相互作用，生长通常会退居次要地位。COI 蛋白质在平衡这两种过程中起着核心作用，可以通过降解 JAZ 来实现二者的平衡。

该成果专注研究了玉米中 6 种 COI 蛋白，分为 COI1 和 COI2 两组，生成了缺失 1 种、2 种或全部 4 种 COI1 蛋白的突变植株。研究发现，COI2a COI2b 双突变体的花粉不能存活，这表明 COI2 蛋白质在玉米的雄性生殖和花粉发育中起着至关重要的作用。与野生型玉米植株相比，缺失 4 种 COI1 蛋白的突变体（COI1-4x）表现出节间较短、光合作用减少、叶片变色、微量元素缺乏等现象，突变植株的生长发育水平显著下降。这与预期相反，COI突变在其他物种如拟南芥和水稻中通常会导致生长水平的提升。进一步的研究揭示，玉米COI1蛋白质可能已经进化出1种新功能，即降解抑制植物生长的DELLA蛋白。通过分解这些抑制生长的DELLA蛋白，COI1蛋白使玉米即使在富含茉莉酸的环境中也能继续生长。通过将生长和防御反应解耦，玉米和其他C_4植物（如高粱）可以在面临通常会限制生长的环境压力时保持强健的生长。

（信息来源：博伊斯·汤普森研究所网站）

棉花源新型高效广谱杀虫蛋白应用前景广泛

中国农业科学院棉花研究所李付广研究团队的最新科研成果详细介绍了在棉花中发现的具有广谱应用价值的新型高效杀虫蛋白的分子机制及其应用前景。4月29日发表于《自然-植物》（*Nature Plants*）。

这项研究发现，GhJAZ24蛋白对棉铃虫和草地贪夜蛾均表现出显著抗虫性，预示着该天然蛋白在防治鳞翅目害虫方面可能具有潜在应用价值。因过表达GhJAZ24蛋白会导致棉花植株不育，成为其育种应用的重要障碍，团队设计了GhJAZ24蛋白的损伤诱导分泌型表达载体并命名为iJAZ。团队利用iJAZ载体获得的转基因棉花育性恢复正常，且具有显著抗虫性。团队还利用iJAZ载体进行转基因，获得了*iJAZ*基因工程水稻和基因工程玉米，*iJAZ*水稻和*iJAZ*玉米均保持良好育性。虫测结果表明，*iJAZ*水稻和*iJAZ*玉米对草地贪夜蛾均表现出显著杀虫效果。利用获得的*iJAZ*水稻和*iJAZ*玉米分别饲喂稻纵卷叶螟和玉米螟，同样表现为高抗水平。从而产生了一种基于*iJAZ*的方法来生成具有独特作用机制的替代杀虫蛋白，对未来的作物工程具有巨大的潜力。

（信息来源：中国农业科学院棉花研究所）

我国发现新型高效广谱杀虫蛋白

中国农业科学院棉花研究所李付广研究员团队在棉花中发现了具有广谱

应用价值的新型高效杀虫蛋白的分子机制。相关研究成果 4 月 29 日发表于《自然-植物》(*Nature Plants*)。

研究团队发现，转基因棉花的不育表型及其抗虫性状都是因 GhJAZ24 蛋白过表达引起的，而 GhJAZ24 为棉花源天然蛋白。GhJAZ24 蛋白对棉铃虫和草地贪夜蛾均表现出显著抗性，预示着该天然蛋白在防治鳞翅目害虫方面可能具有潜在应用价值。因过表达 GhJAZ24 蛋白会导致棉花植株不育，成为其育种应用的重要障碍。为此，团队设计了 GhJAZ24 蛋白的损伤诱导分泌型表达载体并命名为 iJAZ。研究团队利用 iJAZ 载体获得的转基因棉花育性恢复正常，且具有显著抗虫性。团队利用 iJAZ 载体进行转基因，获得了 iJAZ 基因工程水稻和基因工程玉米，二者均保持良好育性。虫测结果也表明，二者对草地贪夜蛾均表现出显著杀虫效果。利用 iJAZ 水稻和 iJAZ 玉米分别饲喂稻纵卷叶螟和玉米螟，同样表现为高抗水平。

同源分析表明，GhJAZ24 对鳞翅目害虫可能具有广谱杀虫性，对其他具有 NHP 结构域和 Zn 结合位点高度保守的昆虫也可能具有抗虫性。研究团队认为 iJAZ 载体在农作物、林草、果蔬等鳞翅目害虫防控方面具有广阔的应用前景。GhJAZ24 蛋白分子量小，容易合成，方便储运，作为生物杀虫剂喷洒到农作物上，对环境友好无残留，可作为绿色生物农药用于防控多种类型的鳞翅目害虫。

（信息来源：中国农业科学院棉花研究所）

先正达与 Enko 推出作物保护解决方案

1 月 18 日，先正达与美国作物健康公司 Enko 共同宣布，通过在 Enko 的 DNA 编码库（DELs）平台中筛选出数十亿个化学分子，并运用人工智能和机器学习模型来识别有效的选择性分子，发现了 1 种可控制作物真菌病的新型化学物质。研究人员将 DELs 应用于农业领域，能够经济、高效地筛选出数千亿种化合物，极大提高了作物保护产品研发的规模和速度，有助于加速农业的数字化转型。

真菌病原体作为农作物健康的主要威胁，给全球种植者造成了 10%~23% 的产量损失。随着全球变暖扩大了真菌感染的覆盖范围，以及对现有杀菌剂耐药性的增加，农作物产量损失将进一步加剧。下一步，双方将优化杀菌剂属性，严格测试其安全性和有效性，并致力于发现新的除草剂解决方案，减少抗药性以及消除入侵性杂草。

（信息来源：Enko 网站、先正达网站）

先正达与以色列 Lavie Bio 联手加快生物杀虫剂研发

先正达与以色列生物技术公司 Lavie Bio（Evogene 旗下）宣布合作，共同挖掘和开发新型生物杀虫剂。此次合作将利用 Lavie Bio 的技术平台构建人工智能模型，准确预测候选生物杀虫剂，缩短新产品开发周期，并借助先正达的全球性研究、开发和商业化能力，将新产品快速推向市场。

目前，欧洲批准的化学杀虫剂数量正在减少，但巴西等国家对创新、有效的生物防治解决方案的需求正在激增。Lavie Bio 一直专注于开发生物刺激剂和生物杀菌剂产品，与先正达等主要农业企业建立合作关系，将帮助 Lavie Bio 提升实力和"市场准入"水平。先正达的生物杀虫剂业务实力雄厚，其生物制品板块由内部研发与外部合作组成，合作既包括短期投资，也包括与合作伙伴一起长期开发突破性技术，其过去五年中推出的大量产品中许多都来自合作。

（信息来源：AgroPages 网站）

中国科学家揭示植物抗病毒免疫新机制

中国农业科学院和华中农业大学的研究团队发现 PRMT6 介导的病毒抑制 RNA 沉默（VSR）精氨酸甲基化是植物对病毒免疫的一种新机制。相关研究成果于 8 月 5 日发表于《细胞宿主与微生物》（*Cell Host & Microbe*）。

由于番茄是 TBSV 的天然宿主，科学家们研究了 PRMT6 在番茄抗病毒反应中的作用。在番茄丛矮病毒（TBSV）侵染过程中，PRMT6 基因敲除和过表达分别导致疾病症状的增强和减轻。PRMT6 通过甲基化 TBSV P19 的关键精氨酸残基 R43 和 R115，与 TBSV P19 相互作用并抑制其 VSR 功能，从而降低其二聚化和 siRNA 结合活性。对天然番茄群体的分析表明，与 PRMT6 高水平和低水平表达相关的 2 个主要等位基因分别与病毒抗性高水平和低水平显著相关。这项研究揭示了 PRMT6 介导的抗病毒免疫的新机制，补充了未知的 NLR 介导的免疫和自噬途径。

（信息来源：中国农业科学院）

智慧农业

CropX 收购澳大利亚数字灌溉供应商 Green Brain

近期，以色列数字农业公司 CropX Technologies（以下简称 CropX）宣布收购澳大利亚知名数字灌溉管理解决方案供应商 Green Brain，以期通过此次收购扩大 CropX 在澳大利亚的业务范围，巩固其作为数字精准农业全球领导者的地位。

Green Brain 以技术精湛、熟悉本地市场和出色的客户服务而著称，尤其是在由土壤传感器、气象站和物联网设备提供数据支持的灌溉优化领域享有盛誉。收购后，Green Brain 的客户可以访问 CropX 的农场管理系统。该系统除了优化灌溉系统外，还提供真菌病害、土壤和作物健康、氮淋溶、盐度等方面的信息和建议。澳大利亚的动物养殖业也将受益于 CropX 开发的用于蓄水池和污水灌溉场的独特污水处理系统。

（信息来源：AgroPages 网站）

Evogene 与谷歌云合作开发小分子设计的生成式 AI 基础模型

近日，计算生物学公司（Evogene Ltd.）与谷歌云（Google Cloud）宣布合作开发用于生成小分子从头设计的尖端基础模型。该合作将推动新型小分子的发现和开发，用于药物开发、可持续作物保护，以及生命科学行业的创新产品。

谷歌云的 Vertex AI、谷歌计算引擎上的 GPU 和谷歌云存储将提供创建该 AI 基础模型所需的巨大计算能力和存储容量。该基础模型正在包含约 400 亿个分子结构的数据集上进行训练，将以前所未有的速度和准确性生成和评估突破性生命科学产品的潜在候选产品。该合作将融合 Evogene 在计算预测生物学方面的专业知识和谷歌云在人工智能和机器学习方面的领导地位，重点通过创建先进的基础模型来扩展技术引擎的价值，该模型能够生成和优化具有所需特性的新型小分子结构。该变革性技术有可能大幅加快药物发现过程、降低成本并提高识别有前途候选药物的成功率。应用于农业领域，该基础模型将有助于开发创新和可持续的解决方案，以应对粮食安全、作物保护和资源优化等全球挑战。

（信息来源：Evogene Ltd. 网站）

Starke Ayres 与 Computomics 合作利用人工智能推进蔬菜育种

人工智能生物信息学育种公司 Computomics 和非洲蔬菜种子公司 Starke Ayres 近日宣布开展合作，旨在通过应用尖端机器学习技术推进作物育种。

此次合作将把 Starke Ayres 在培育高产蔬菜方面的丰富经验与 Computomics 先进的"气候智能育种"技术相结合。双方将重点通过运用预测分析技术处理大规模的基因组和环境数据，来优化作物选育流程，从而实现更高效、更可持续的蔬菜育种。该合作标志着在利用人工智能技术优化关键作物育种流程方面迈出了重要一步。

Starke Ayres 长期以来一直处于农业创新种子领域的前沿，通过与 Computomics 合作，该公司将获得能够模拟复杂基因型、环境、管理（GxExM）三者相互作用的预测工具，协助育种者作出科学决策，并加速开发新的、具有气候适应性的蔬菜品种。

（信息来源：AgroPages 网站）

拜耳和微软合作解决农业数据连接问题

11月13日，拜耳在德国汉诺威国际农机展上宣布了与微软进行战略合作的最新进展。通过新的数据连接器，拜耳的数字农业平台 Climate FieldView™ 和原始设备制造商（OEMs）之间，可以通过微软 Azure Data Manager for Agriculture 平台安全、合规地交换农场数据。此外，拜耳还在开发新的 AgPowered 服务，允许与主要 OEMs（Stara，Topcon，Trimble）进行机器数据连接。Azure Data Manager 的企业用户将拥有 1 个集成的一站式解决方案，可以安全、合规地连接到行业中的关键农机数据源，从而降低技术投资成本。

拜耳的农机解码器由 Leaf Agriculture 提供支持，可以翻译来自多个 OEMs 和平台的机器数据。通过使用多个来源的一致性数据构建解决方案，将有效改善向农民提供解决方案的能力。由 OneSoil 提供支持的拜耳当季作物识别，可提供遥感功能（卫星图像），允许在北美洲、南美洲和欧洲对玉米和大豆等主要经济作物以及另外 10 种作物进行当季检测。这项开创性的服务为整个农业价值链提供了众多有价值的应用，包括碳平台的验证或针对可持续农业实践的政府补贴计划，作物加工公司的产能规划和优化，以及加强保险评估以实现准确的风险管理等。

2024 年 5 月，微软推出了端到端、统一的分析平台 Microsoft Fabric，帮助整合 AI 驱动解决方案所需的数据和分析工具，如农业领域的大型语言模型应用。微软和拜耳等合作伙伴将继续扩展 Azure Data Manager，增加更多针对农业的连接器和功能，从而不再受特定数据类型和来源的限制。

（信息来源：拜耳网站）

拜耳与 Orbia Netafim 合作推进数字农业技术发展

近日，Orbia 跨国集团下属的精准农业子公司 Netafim 联合拜耳宣布，将从协同园艺数字产品开始，结合农学、灌溉、数字平台和数据建模方面的优势扩大战略合作。此次合作将为水果和蔬菜种植者提供新的数字农业解决方案。通过简化主要数据收集并提供 1 个可以基于该数据生成定制建议的系统，新方案将帮助种植者提高作物产量，优化资源利用，从而最大限度地减少对环境的影响。

在此次合作中，拜耳将开发 1 个名为 HortiView 的新数字平台，用于简化蔬果种植的主要数据收集和共享，使种植者能够受益于支持数据驱动决策和市场准入的关联农艺服务生态系统。与此同时，Orbia Netafim 将基于 HortiView 平台提供的主要数据为用户提供量身定制的灌溉建议。该合作还将涉及 Orbia Netafim 的一体化灌溉操作系统 GrowSphere™，该系统主要用于优化灌溉、作物保护和施肥应用。

在本次合作之前，Orbia 与拜耳已经有过多次成功的合作，包括"美好生活农业"计划、针对美国仁用杏种植者的作物保护解决方案以及支持欧盟 Farm2Fork 计划的联合项目。

（信息来源：AgroPages 网站）

拜耳在印度推动直播稻种植

近日，拜耳在印度推出其全球再生农业计划"Forward Farming"。至此，拜耳已在全球推行29个该类计划。该计划将针对印度1.5亿小农户的需求，推行一系列创新农业技术，尤其聚焦可持续水稻种植，以促进印度的农业生产向再生农业转型。

拜耳报道称，拜耳的直播稻（DSR）品种具备改善土壤健康、减少用水量以及增强对气候变化的适应能力等优点。由水稻移栽（插秧）品种改种DSR，预期能够降低30%~40%用水量，减少45%的温室气体排放，降低40%~50%的体力劳动投入。通过这种方式，仅在印度，到2040年，预计每年可减少高达$8.2×10^{10}$ t二氧化碳温室气体排放，1 670亿 m^3 用水量。

拜耳还将通过DirectAcres项目，为印度农民提供作物种植系统，包含种子、作物保护、数字工具、机械化服务以及农艺解决方案。2023年，5000名印度农民已通过DirectAcres项目种植了8 600 hm^2 直播稻。该项目2030年将覆盖印度100多万小农户。此外，拜耳还计划从菲律宾起步，将DirectAcres引入亚洲其他水稻种植国。

（信息来源：AgroPages网站）

德国集成传感器芯片可同步测量水体多个参数

德国弗劳恩霍夫光子微系统研究所（IPMS）现已开发出1种n阱（n well）技术，可以在单个芯片上集成多个ISFET（离子敏场效应晶体管）。这种测量系统能够实时、连续地记录水体的多个重要参数，具有巨大的市场潜力。

这项新技术开辟了多功能ISFET阵列的可能性，未来可以开发和集成更多特定应用的离子选择性涂层。这表明，只需一个传感器芯片就可以同时连续测量水体的pH值、硝酸盐、磷酸盐和钾浓度等不同参数，其他参数也可以根据需要集成到系统中。该技术为环境分析、农业和水资源管理以及快速增长的室内农业应用市场开辟了新的可能性。通过将测量结果与外部输入（例如天气数据）相结合，该技术的使用将提高农业的效率和可持续性，农户将能够更精确地施用养料，减少化肥投入，降低植保产品对环境的不良影响。

（信息来源：Phys 网站）

美国伯克利国家实验室推进 AI 驱动的植物根系分析

在 1 项旨在提高农业产量和开发适应气候变化的作物的研究中，美国劳伦斯伯克利国家实验室应用数学与计算研究（AMCR）和环境基因组学与系统生物学（EGSB）部门开发了创新工具 RhizoNet，该工具利用人工智能（AI）改变了研究植物根系的方式，为研究不同环境条件下根系的行为提供了新的见解。相关研究成果 6 月 5 日发表于《科学报告》（Scientific Reports）。

传统方法具有劳动密集型属性，容易出错，且面对复杂而盘根错节的根系时使用效果不佳。RhizoNet 采用先进的深度学习方法，使研究人员能够精确跟踪根的生长和生物量。这种新的计算工具使用基于卷积神经网络的先进深度学习骨干网络，对植物根系进行语义分割，全面评估生物量和生长情况，从而改变了实验室分析植物根系的方式。RhizoNet 标准化根部分割和表型分析的能力代表了对数千张图像进行系统和加速分析的重大进步，有益于提高在不同条件下捕捉植物根部生长动态的精度。

（信息来源：美国伯克利国家实验室）

美国开发 AI 模型提高水分预测精度

研究地球上可用于生态系统的水资源，不仅需要关注降水量，还需考虑从地面到大气的水流动，这一过程称为蒸散量（ET）。ET 包括土壤和湖泊、河流和池塘等开放水域的蒸发，以及植物叶片的蒸腾。美国伊利诺伊大学厄巴纳-香槟分校的新研究提出一种计算机模型，可根据遥感影像使用人工智能工具进行 ET 预测。

研究人员基于决策树机器学习模型创建了"动态土地覆盖蒸散模型算法"

（DyLEMa），旨在使用经过训练的季节性机器学习模型预测缺失的时空ET数据。这项研究使用NASA、美国地质调查局和美国国家海洋和大气管理局的数据，对DyLEMa进行了每日30 m×30 m网格的评估，时间跨度为20年。DyLEMa可以区分不同用途的土地类型和不同的作物种类，数据分析维度包括降水量、温度、湿度、太阳辐射、植被生长阶段和土壤特性，研究人员能够据此准确捕捉地表动态并根据多个变量预测ET。

研究人员通过将模型结果与现有数据进行比较来测试模型的准确性。与现有预测方法相比，DyLEMa将ET预测不确定性从均值+30%降低到约-7%，预测精度显著提升。

（信息来源：美国伊利诺伊大学厄巴纳-香槟分校）

日本利用航拍图像AI分析技术预测作物最佳收获期

日本国家农业和食品研究组织（NARO）利用人工智能的对象检测算法，根据无人机拍摄的航拍图像来评估整个甜玉米地块的生长状况，将其与NARO的网格农业气象数据联系起来，开发出可以估算甜玉米收获时间的技术。

这项新技术利用对象检测算法YOLOv53，根据收获前1个月左右开花前后的航拍图像，判断并计算图像中甜玉米雄穗的开花阶段。以这一信息为基础解析整个农田的生长状况，并根据分析结果得到每块田地的最佳收获期。这使得种植者可以根据作物的成熟度进行有计划的收获。目前的试验对象是北海道代表品种Emi Star，此后将进一步扩大品种范围，提高精准度。该技术的应用将提高甜玉米生产的效率和技术水平。

（信息来源：日本国家农业和食品研究组织）

瑞典OlsAro融资开拓AI气候智能作物育种

瑞典农业科技初创公司（OlsAro），致力于利用人工智能和尖端植物生物技术，开发能够抵御环境压力的农作物品种。日前OlsAro已获得250万欧元种子轮融资，其首款产品为耐盐小麦，在孟加拉国的盐碱条件下，与中度耐盐品种相比，新品种的产量增加了52%，大幅提高了盐碱地的小麦产量。

OlsAro 目前的研究重点是小麦耐盐新品种、耐热新品种和小麦氮利用效率的提升，其人工智能平台使小麦品种的开发速度比传统方法快 3 倍。该技术基于 OlsAro 10 多年的研究和具有极高遗传多样性的专有小麦收藏，旨在培育出能够适应更恶劣气候条件、高氮效率、营养品质改良的小麦新品种。OlsAro 已与孟加拉国市场签订商业合同，并在巴基斯坦、肯尼亚、阿曼和尼泊尔进行耐盐小麦的田间试验，下一步将瞄准澳大利亚、印度和其他耕地盐碱化严重的地区。

（信息来源：AgroPages 网站）

先正达将 CropX 列为关键的可持续发展解决方案服务商

近日，先正达决定将全球数字农场管理领导者 CropX 列为关键的可持续发展解决方案服务商，并把其农场管理系统应用到美国中西部更多的灌溉玉米产区，以提高该地区的玉米产量和水资源利用效率。

CropX 的农场管理系统可从土壤传感器、卫星、雨量计和农场机械等多个来源实时收集农场数据，并将其发送到云端，在云端进行先进的农艺分析，为种植者提供关于土壤和农作物健康状况的建议和可视化图形。灌溉、病害、田间数据管理和养分监测都显示在一个易于使用的应用程序上，可同时管理多个田块。CropX 的系统使农场能够在更少投入（如水和杀菌剂）的情况下种植更多作物，从而实现种植者和环境保护的双赢。

（信息来源：CropX 网站）

新加坡开发植物电子皮肤，结合数字孪生技术实现精准农业监测

新加坡国立大学的多学科研究团队开发出 1 种全有机植物电子皮肤，用于持续、非侵入式植物监测。团队还同时开发了 1 种数字孪生植物监测系统，用于创建数字孪生，实现实时反映真实植物物理状况的计算机可视化效果。

这些技术有望推进精准农业和植物育种领域的创新，辅助作物育种和精准农业决策。相关研究成果发表于《科学-进展》(Science Advances)。

研究团队利用市售的有机材料设计出具有生物相容性、透明性和可拉伸性的创新植物电子皮肤，厚度为 4.5 μm，由夹在两个透明基底层之间的导电层组成。研究表明，该植物电子皮肤可在高温、缺水等压力条件下无缝附着在植物叶片上收集温度、湿度和养分等关键植物数据。植物电子皮肤上的传感器将收集到的数据处理后传输出去，用于创建植物的数字孪生，以反映真实植物的生长条件。数字孪生植物监测系统实时可视化植物表面环境，为植物监测提供直观生动的平台。该系统可以帮助更加精确、及时地调整植物所处生长环境，如调节室内农业设施的温度等。

(信息来源：新加坡国立大学)

新型温室番茄叶片病害智能机器人检测系统

越南河内科技大学机械工程学院研发出一种用于温室自主导航的系统，结合了模糊控制算法和基于深度学习的番茄植株病害分类模型，可以通过番茄叶片图片来识别病害。相关成果发表于《科学报告》(Scientific Reports)。

这项研究的主要创新之处在于引入了 1 种升级版的深度卷积生成对抗网络（DCGAN），该网络能够从原始真实样本中生成增强的番茄叶片病害图片，显著丰富了训练数据集。为找到最佳训练模型，研究人员比较了 4 种深度学习网络（VGG19、Inception-v3、DenseNet-201 和 ResNet-152）在包含 9 种番茄叶片病害类别的数据集上的表现。在使用原始的 PlantVillage 数据集时，这些模型的验证准确率分别为 92.32%、90.83%、96.61%和 97.07%。随后，该系统使用增强后的数据集与 ResNet-152 网络设计相结合，实现了高达 99.69%的准确率，使用原始数据集的 ResNet-152 准确率为 97.07%。这一结果表明，DCGAN 有效提高了用于温室植物监测和病害检测的深度学习模型的性能。此外，该方法可能具有更广泛的应用前景，为自主智能农业领域带来进步。

(信息来源：越南河内科技大学)

意大利利用无人机和 AI 监测识别入侵害虫

近日,意大利的科学家首次成功将商用无人机与人工智能(AI)相结合,监测并识别入侵农业害虫茶翅蝽(*Halyomorpha halys*,别名臭板虫)。这项工作的目的是开发 1 种自动化监测系统,将无人机图像采集与人工智能相结合,对该害虫进行监测。相关研究结果 4 月 2 日发表于《害虫管理科学》(*Pest Management Science*)。

这项研究开发了 1 种使用移动应用程序捕捉高分辨率图像的自动飞行协议,通过移动应用程序控制,可以在 8 m 的高空捕捉到果园的高分辨率图像。研究发现,无人机在茶翅蝽成虫和中龄幼虫中只引起低水平的干扰,在成虫中引起静止行为,有助于捕获高分辨率图像和害虫分布数据。所使用的人工智能模型都具备良好的性能,其中表现最好的模型的检测准确率高达 97%。

(信息来源:Phys 网站)

印度公司通过精确无人机监控和数据分析加速杂交种子试验

印度农业科技公司 BharatRohan 成立于 2016 年,主要提供基于无人机的精准农业服务,包括植物健康状态监测、营养管理、病虫害管理、土壤测试、水资源管理、天气预报、面积估算、市场联系等。BharatRohan 近日推出 SeedAssure®,为种子公司开展混合评估试验提供的创新服务,即利用高分辨率和高光谱遥控飞机数据以及机器学习算法检测作物性状的微妙变化,为用户提供作物监测,用以评估种子性能,同时提供预测分析,加速优质种子开发。种子公司可以按需定制可视化监测平台。

在不同气候条件下测试新的杂交种子和高产种子,准确和可靠的数据至关重要。SeedAssure 突破传统基于人力的数据收集的局限性,使用无人机收集数据,进行杂交种子评价试验。SeedAssure® 跟踪并分析 8 个关键参数,即植物数量、叶绿素含量、冠层覆盖率、作物特异性特征、植物高度、病虫害严重程度以及发芽率,全面了解每个种子品种的表现。在整个试验过程中收集和分析的详细表型数据为准确的决策和种子选择奠定基础。SeedAssure® 将常规无人机调查与农学家验证相结合，确保在每个试验阶段进行细致的观察和记录。特定地块的数据收集和以时间轴为中心的数据库可以对所有种子品种进行比较分析，确保种子公司以更快的速度和更高的精度获得卓越的成果。

（信息来源：AgroPages 网站）

英中合作开发出智能解密植物遗传序列和结构的 AI 模型

英国约翰·英纳斯中心、埃克塞特大学联合中国东北师范大学及中国科学院开发了 1 种开创性的人工智能（AI）模型，命名为 Plant RNA-FM，这是一种专为植物设计的高性能且可解释的 RNA FM，能够翻译构成植物遗传"语言"的序列和结构模式。该突破性智能技术推动了植物科学的发现与创新，并可能推动对无脊椎动物和细菌的研究。

科学家团队聚焦研究了 RNA 结构，开发出的 PlantRNA-FM 模型在由 540 亿个 RNA 信息组成的庞大的数据集上进行了预训练，整合了来自 1 124 种不同植物物种的 RNA 序列和 RNA 结构信息。该模型在植物特定的下游任务中表现出卓越的性能。

目前，研究人员已使用该模型对 RNA 功能作出了精确预测，并在转录组中识别出特定的功能性 RNA 结构模式，实验证实 PlantRNA-FM 识别的 RNA 结构能够影响遗传信息转化为蛋白质的效率。该模型促进了跨转录组复杂性的功能性 RNA 基序的探索，使植物科学家能够在植物中编写 RNA 代码。这项研究成果有望改变确定调节基因表达的 RNA 基序的方式，为 RNA 代码编程开辟新视野，促进作物改良和基于 RNA 的应用。

（信息来源：英国约翰·英纳斯中心等）

可持续发展

PIC 种猪帮助欧洲养猪业降低碳排放

近日，全球领先的种猪育种公司 PIC 在欧洲完成了 1 项全生命周期评估（LCA），结果证实，与行业平均水平相比，PIC 种猪（父系+母系）可减少 7.7% 的温室气体排放量。结果还显示，持续的遗传改良每年将额外减少 0.66% 温室气体排放。该 LCA 已获得 ISO 一致性认证，保证了项目成果的有效性，以及遗传改良在碳减排/温室气体减排方面的潜力。

该公司在北美的 LCA 评估也得出类似结论，与行业平均水平相比，PIC 种猪可使养猪业的温室气体排放量减少 7.5%。下一步，PIC 将把 LCA 的研究结果付诸实践，与美国国家猪肉委员会合作制定碳排放框架并即将开展试点，肉类屠宰商、加工商、快速消费品公司和供应链中涉及猪肉的食品零售商都将参与其中。

（信息来源：PIGWORLD 网站）

巴斯夫与 IRRI 合作减少水稻碳足迹

近日，巴斯夫与国际水稻研究所（IRRI）宣布合作，共同减少水稻种植过程中的温室气体排放量。该合作名为 OPTIMA Rice，旨在通过优化作物管理达到减少水稻温室气体排放的目的，助力巴斯夫实现到 2030 年将每吨作物的二氧化碳排放量减少 30% 的承诺。合作将在菲律宾拉古纳省的多个水稻季节进行。

巴斯夫和 IRRI 计划探索与水稻气候智能型耕作相关的多个课题，包括直播稻品种、氮稳定剂、养分和残留物管理、为稻农量身定制的新型化学品以及干湿交替管理（AWD）等节水技术。此外，IRRI 已着手进一步优化生态生理学模型 ORYZA，包括用于估算温室气体排放量的新算法。巴斯夫将利用其可持续评估调研工具 AgBalance™ 来估算温室气体排放强度，并将与 IRRI 合作对其产品进行田间测试，以获得精确的农艺和温室气体数据。

（信息来源：巴斯夫网站）

拜耳和 Trinity Agtech 联手推动农业再生实践

拜耳 3 月 21 日宣布与总部位于英国、专注精准农业技术开发的 Trinity Agtech 公司建立合作伙伴关系。拜耳的欧洲碳倡议使农民、食品加工商和零售商能够实现碳承诺并实施再生农业实践。Trinity Agtech 的 Sandy 平台致力于为碳和可持续发展管理提供自然资本导航，并支持农民管理其环境可持续性、盈利能力和业务弹性，且全部符合国际 IPCC 标准和其他主要全球准则。

作为拜耳推动再生农业努力的一部分，Trinity Agtech 的 Sandy 平台将有助于拜耳在欧洲、中东和非洲地区的碳倡议，测量和监测农场层面的碳减排和碳封存。此外，此次合作还将基于 Trinity 的技术储备，实现拜耳解决方案的定制开发，以满足价值链参与者和种植者的需求。利用两端的科学、数字和农艺优势，形成独特的再生农业生态系统，为需要致力于取得切实可信成果的市场开发高质量资产。

（信息来源：拜耳网站）

拜耳与 Planet 合作利用卫星数据促进全球粮食安全和环境可持续性

近日，拜耳与提供卫星观测数据和软件解决方案的美国供应商 Planet Labs PBC 达成合作伙伴关系。该合作将实现 Planet 的卫星图像产品与拜耳的作物和数据科学专业知识相结合，田间管理人员可以实时评估田间进展。

Planet 将为拜耳提供数字技术和卫星观测的全球农业图像数据，旨在提高拜耳田间生产状况的持续可见性，为其种子生产提供数据保障，促进拜耳在全球范围内优化其产品供应。拜耳可以查看四大洲数十万英亩农田的数据，这些数据提供了有关种子生产、作物健康和收获情况的更多信息，确保使用者更好地优化土地资源，提升供应链效率，也将有助于建立应对气候变化和经济波动的有弹性的粮食系统。

4 月 9 日，Planet 推出了 Planet Insights 平台，该平台将 Planet 的地球数据产品与基于云的分析工具相结合，使用户能够高效地大规模分析、传输和分发数据，从而作出客观可靠的决策。

(信息来源：Planet 网站)

德意合作开发用于造林的生物混合微型机器人

意大利理工学院与德国弗莱堡大学合作开发了 1 种生物混合微型机器人（HybriBot），由 1 个用 3D 微制造技术制作的面粉胶囊和 2 个燕麦种子的附属物组成，这些附属物可以根据空气湿度在土壤中移动，自主寻找合适的位置让种子生根发芽。HybriBot 作为可生物降解的种子载体，可以容纳来自不同植物的天然种子。作为拥有自我分散系统的生物混合微型机器人，该发明在造林和精准农业方面都具有应用潜力，目前已申请专利。相关成果 4 月 7 日发表于《先进材料》(*Advanced Materials*)。

HybriBot 将天然组件（燕麦果实附属物）与人工组件（仿生可降解胶囊）相结合，后者充当种子的运输容器，保持天然样本的运动能力和与环境的相互作用能力。燕麦附属物通过运动对湿度做出反应，它旋转、相交并积累弹性能量，当能量释放后会移动胶囊，使运动持续进行，直至找到合适的位置，停止移动，让种子发芽。因此，HybriBot 的自主运动不需要电池或其他额外能源支持。

HybriBot 人造胶囊重 60 mg，涂有乙基纤维素，使其结构防水且稳定，采用的可生物降解植物材料对环境影响较小，动物误食也不会造成伤害。研究人员已使用各种种子（如番茄、菊苣和柳兰）和不同类型的土壤（如盆栽土、黏土和沙子）测试了种子沉积的有效性。

(信息来源：意大利理工学院)

多目标农田管理优化框架，助力实现气候智能型作物生产

多种管理实践的共同优化可以促进气候智能型农业发展，但会受到跨越空间和时间维度复杂的气候-作物-土壤管理互作的影响。浙江大学环境与资源学院联合南京农业大学、北京师范大学、澳大利亚联邦科学与工业研究组

织（CSIRO）等机构提出一种多目标农田管理优化框架。该框架将过程机理模型与人工智能算法相结合，实现高分辨率时空尺度的快速模拟与多管理组合协同优化，明确了我国华北平原冬小麦—夏玉米轮作系统在 1 km 空间尺度上作物稳产—固碳—减排管理的时空变化格局。实现管理处方"一张图"，助力智慧农业和绿色发展。相关成果 1 月 2 日发表于《自然-食物》（Nature Food）。

该研究利用长期定位试验数据对农田生产系统模型进行校正，然后将其与 6 种学习模型相耦合，选出最优的代理模型，采用多目标遗传算法，优化出我国华北平原冬小麦—夏玉米轮作体系在 1 km 空间尺度上作物稳产、土壤固碳和温室气体减排目标下的最优施肥、灌溉和秸秆还田管理组合。研究发现 1995—2014 年的最佳施肥量和灌溉量均低于当地农民的实际施肥量和试验推荐量。通过优化实践，与历史参照期内设定的最优管理相比，预计 2051—2070 年，华北平原的化肥、灌溉水、还田秸秆年需求量分别减少 16%、19% 和 20%，同时温室气体排放量也大幅减少。这项研究展示了多种管理实践时空协同优化的潜力，提出未来的管理实践应随着气候变化进行调整，多种管理实践的共同优化可以提高在气候变化下确保环境友好型粮食生产的能力。同时，先进的作物育种技术、三维土壤数据的积累、对植物-土壤系统的理解和建模能力的提升正在为跨空间和时间的气候智能型农业生产铺平道路。

（信息来源：浙江大学等）

多样化轮作可促进粮食增产、温室气体减排，改善土壤健康

全球粮食生产在平衡增产目标与环境可持续性方面面临诸多挑战。海南大学热带农林学院研究团队基于在华北平原进行的一项为期 6 年的田间试验，揭示了将传统单一谷物（小麦—玉米）与经济作物（甘薯）和豆类（花生和大豆）多样化种植的优势，为全球粮食增产和环境可持续性的平衡提供了范例。相关研究成果 1 月 3 日发表于《自然-通讯》（Nature Communications）。

在华北平原，传统的小麦—玉米轮作需要大量的水肥投入，导致温室气体排放量高和土壤健康质量下降等问题。相比之下，经济作物和豆类作物多样化的轮作模式，由于豆科作物生物固氮取代了部分化肥氮的输入，可在保持作物产量的同时，减少温室气体排放和增加农民收入。与豆科作物的轮作

还可以通过激发土壤微生物多样性、提升土壤固碳能力，改善土壤质量。作物多样化在减少温室气体排放方面具有显著优势，并对生物量和蛋白质产量、土壤健康和微生物群落生物多样性具有协同效应。

该研究发现，多样化轮作模式使产量提高了38%，N_2O排放量减少了39%，净温室气体减排88%。在轮作中种植豆类激发了土壤微生物活性，增加8%的土壤有机碳储量，并提高45%的土壤健康指数。华北平原大规模采用小麦-玉米多样化种植模式可以使谷物产量增加32%，农民收入增加20%，同时有利于环境保护。该研究提供了一个可持续的粮食生产案例，强调了作物多样化种植对长期农业恢复力和土壤健康的重要性。

（信息来源：海南大学）

过量氮肥投入将减少固氮植物的多样性

人为氮沉降和气候变化会降低固氮植物的竞争优势，从而导致群落中这些植物的多样性减少。来自波茨坦大学的Thilo Heinken博士等国际研究团队成员发现，温度和干旱程度的变化并不会对固氮植物多样性产生影响，而固氮植物的丰度会随着氮投入的增加而减少。该研究结果发表在《科学-进展》(*Science Advances*)。

生物固氮是一项基础性的生态系统服务，尤其在贫瘠土壤中尤为重要。随着农田氮肥的施用，以及工业和交通对氮沉降的贡献，固氮植物在未来可能会失去其竞争优势，这些植物包括三叶草、羽扇豆、豌豆、紫云英以及桤木树。

该研究团队分析了forestREplot数据库中关于欧洲和美国温带森林地表植被的物种丰富度和系统发育多样性的数据集。所选样地的基线调查在1940—1999年进行；最近的复查则在1995—2019年进行。他们发现，无论温度变化如何，干旱程度如何增加，固氮植物的丰度都会随着氮输入的增加而减少。

（信息来源：波茨坦大学）

环境智能高产稳产作物设计获重大进展

近日，中国科学院遗传与发育生物学研究所许操团队发布了"环境智能型高产-稳产作物设计育种新策略 CROCS"，该项研究进展发表于《细胞》(Cell)。这是我国在高产稳产作物育种核心技术上取得的重大突破。

研究团队针对高温逆境导致的番茄落花落果、品质低下，水稻秃尖、瘪壳等引起主要粮食和蔬菜作物大幅减产的农业生产实际问题，突破了高效基因敲入技术难题，自主改造了引导编辑器（Prime editing），将 1 个 10 bp 的热响应元件（heat-shock element，HSE）精准敲入番茄内源细胞壁蔗糖转化酶 CWIN 基因 LIN5 的启动子靶向区。HSE 的精准敲入增强了正常条件下糖分向果实的运输，显著缓解了高温条件下果实的"糖饥饿"，使番茄获得了感应温度变化自动"扩库畅流"的能力。

在温室、大棚、大田等不同栽培模式条件下的多年多点单产测试发现，正常生产条件下，该方法可使番茄产量提高 14%~47%；高温逆境下，该方法培育的番茄种质比对照增产 26%~33%，可挽回高温胁迫造成的 56.4%~100% 的产量损失，而且改良后的番茄果实均一度、糖度等品质性状在相应条件下显著提高。研究团队进一步在水稻中测试 CROCS 育种策略在高产稳产育种中的应用潜力。经过多年多点水稻单产测试表明，正常生产条件下，该方法可使水稻产量提高 7%~13%；高温逆境下，HSE 精准敲入的水稻品种比对照增产 25%，可挽回高温胁迫造成的 41% 的稻米产量损失。

环境智能育种全新策略 CROCS 建立了包括顺式调控元件筛选、靶向位点选择、瞬时表达验证、基因编辑器改造、种质测产与性状评价等系列方法在内的不同作物通用的高产稳产快速育种技术体系，首次在主要粮食和蔬菜作物中实现了"顺境增产，逆境稳产"环境智能型作物种质的快速创制，开启了环境智能型（Climate-smart）高产稳产作物设计的新时代。该系统为精准敲入环境感应分子开关，培育气候韧性作物铺平了道路，同时也为植物发育环境适应机制的基础研究提供了高效的基因编辑工具和可行的技术体系。

（信息来源：中国科学院遗传与发育生物学研究所）

康奈尔大学：替代肉类可以更可持续地养活人类

近日，康奈尔大学研究人员参与撰写的 1 份联合国报告指出，当前的食物系统无法持续地为全球提供健康饮食，而人造蛋白质（如实验室培育的肉类、由微生物生产的富含蛋白质的食品以及模仿肉类味道和质地的植物性食品）可能会成为替代蛋白质的组成部分，有助于改善食物系统的可持续性。

欧洲和北美的人均肉类消费量是亚洲和非洲的 8 倍。尽管高收入国家越来越多的人正在减少或消除动物性食品，但由于发展中国家的人口增长和收入增加，预计到 2050 年全球肉类消费量将增加约 50%。

这份联合国报告讨论了与传统动物性产品相比，这些替代品的生产过程和挑战、消费者和市场对产品的接受程度，以及环境、健康、社会经济和动物福利方面的考虑。该报告描述了 3 种主要的新型肉类替代品：仿制肉类感官元素的植物性食品；人造肉，也被称为实验室培养肉或细胞农业，它是从活体动物身上提取细胞，然后在生物反应器中培养，以产生肌肉、脂肪和其他类型的细胞；以及利用真菌和细菌等微生物制造富含蛋白质的发酵产品。

报告称，政府可以通过"支持开源研究、确保监管审批透明且精简、采取循证政策"的方式支持新型肉类替代品，以及"减少或重新分配目前对工业化畜牧业的补贴，确保食品价格反映实际成本"。

（信息来源：康奈尔大学）

美国科学家发现可减少全球食物浪费有效途径

据联合国粮农组织统计，全球每年生产的食物有 1/3（约 13 亿 t）被浪费，生产这些食物所产生的温室气体排放量约占人为温室气体排放总量的 8%。

美国密歇根大学开发了 1 种粮食损失估算工具以评估改善冷链供应对 7 个地区 7 种类型的食物损失及相关温室气体排放的影响。通过对供应链每个阶段的食品损失进行建模，明确了可以优化冷链以减少食品损失和温室气体排放的环节。研究估计，全球近一半的食物浪费（约 6.2 亿 t）可以通过全冷链供应而消除，同时可使全球与食物浪费相关的温室气体排放减少 41%。

从不同地区来看，撒哈拉以南非洲、南亚和东南亚通过加强冷链建设减少粮食损失和相关温室气体排放的潜力最大。优化冷链供应，南亚和东南亚可减少 45% 的食品损失和 54% 的排放量；撒哈拉以南非洲可减少 47% 的食品损失和 66% 的排放量。

从食物类型来看，尽管肉类在全球食物损失中占比不足 10%，但其温室气体排放量却占食物损失所致排放量的 50% 以上。优化肉类冷链供应可以消除 43% 以上与肉类损失相关的温室气体排放。

研究还表明，发展更加本地化、更少工业化的"从农场到餐桌"的食品供应链可以产生与优化冷链相当甚至更好地减少食物浪费的效果。

（信息来源：美国密歇根大学）

美国宣布减少食物损失和浪费以及回收有机物的国家战略

6月12日，美国农业部、美国环境保护署、美国食品药品管理局和白宫宣布了《减少食物损失和浪费及回收有机物的国家战略》，该战略旨在推动实现美国减少粮食损失和浪费的目标，即到 2030 年将粮食损失和浪费减少 50%。

美国环境保护署最近的研究表明，垃圾填埋场排放到大气中的甲烷排放量有 58% 来自食物垃圾。在美国，每年的食物损失和浪费都会产生相当于 60 座燃煤发电厂排放量的强效温室气体污染物。该战略计划预防和消除垃圾填埋场中的有机废物，以减少温室气体排放，并强调建立社区规模的有机物回收基础设施、减少污染和创造就业机会。

该战略强调了 4 个目标：一是防止食物损失。二是防止食物浪费。三是提高所有有机废物的回收率。四是制定防止食物损失和浪费以及有机物回收的激励和鼓励政策。

（信息来源：USDA）

美国科学家将柳枝稷转化为生物塑料

生物塑料是一种由天然材料制成的与石油基塑料具有相同品质的类塑料薄膜,是解决当前塑料废物危机的优选之一。由美国农业部国家食品与农业研究所提供财政支持的一项新研究证明,从原产北美洲的多年生草原植物柳枝稷(*Pancium virgatum*)中可以获得透明且坚固的可生物降解薄膜,其可作为石油基塑料的一种替代品。相关研究成果2月发表于《资源节约和循环利用》(*Resources, Conservation and Recycling*)。

柳枝稷由大约58%的木质纤维素材料组成,是开发塑料替代产品的理想材料。研究团队首先从研磨过的柳枝稷中提取出木质纤维素材料,随后,经过过滤、漂白、洗涤和干燥过程获得的白色残留物,用于制造薄膜。完全干燥后,团队评估了薄膜的质量。结果显示,该薄膜透明、拉伸强度高,在土壤湿度为30%的情况下,40天内可完全生物降解。

研究成功地证明了可以用柳枝稷的木质纤维素残留物制成可生物降解、生物相容、坚固且透明的薄膜,该薄膜具有高拉伸强度、低水蒸气渗透性和良好的生物降解性。这种坚固且可生物降解的柳枝稷薄膜为充分利用廉价且丰富的农业生物质,设计和开发可重复使用、可回收和可堆肥的薄膜提供了新的机会。

(信息来源:南达科他州立大学)

新加坡利用大豆加工废水培养鱼饲料替代品

新加坡南洋理工大学和淡马锡理工学院的科学家成功利用由大豆加工废水中培养的微生物"单细胞蛋白"取代了养殖亚洲鲈鱼饲料中一半的鱼粉蛋白,为更可持续的水产养殖业铺平了道路。

目前,水产养殖严重依赖捕获鱼类所制成的饲料(即鱼粉),这有可能导致海洋生物的过度捕捞。而单细胞蛋白是一种可持续的替代品,可以从食品加工废水中培养。通常情况下,这些废水经处理后流入废水回收厂,其中的营养物质也随之流失。利用大豆加工废水培养微生物"单细胞蛋白"将实现变废为宝。

（信息来源：新加坡南洋理工大学）

中国农业大学发现一种可持续的"生物质—水环境—能源"策略

近日，水利与土木工程学院刘志丹教授团队研究报道了一种通过可再生生物质同步实现盐水分离和清洁发电的可持续策略。该方法为应对废弃生物质处理、离网淡水获取、分布式清洁能源供给、水环境治理和盐碱地改良等挑战提供新的思路。相关研究成果发表于《科学通报》（Science Bulletin）。

传统的淡水获取技术（如反渗透和蒸馏）需要大量电力，加剧了能源短缺问题。发电厂依赖水资源进行冷却，加剧了水资源短缺问题。但是现有的双功能设备（同时生产淡水和电力）性能往往不如单功能设备，且成本高、碳排放量大。而太阳能蒸发脱盐技术能够利用太阳能蒸发海水，同时产生淡水。并且，太阳能蒸发过程中产生的能量或海水中的离子浓度差等环境因子的梯度具有可收集清洁电能的巨大潜力。这种技术的"天花板"在于开发可持续、成本效益高、碳排放低的材料。因此，这项研究提出了一种基于可再生生物质材料的可持续策略，通过联合实现太阳能蒸发脱盐和清洁电力生产，突破了现有双功能设备的局限性。

研究结果表明，即使在光照较弱的情况下，该研究中的太阳能脱盐效率也能突破100%的瓶颈。生物质通过简便的水热调理和构型控制，便达到高效蒸发（3.56 kg/hm^2）和脱盐（149.1%），并实现了长周期全天候产电。该研究中生物质多功能协同作用激发了同步取水、脱盐和产电，并初步进行了工程验证，为全球水-能源-环境的可持续发展提供了支持。

全球视野下的环境影响和经济效益分析表明，该技术在20年内平均温室气体排放量仅为工业反渗透脱盐技术的1/3 000，且具有负碳排放潜力。同时，20年内累计收入中，淡水生产、清洁电力生产和碳排放减少分别占比16.3%、73.1%和10.7%，具有良好的社会经济效益。

（信息来源：中国农业大学网站）

农业产业

Cibus 联合 Albaugh 等推进烯草酮耐受水稻品种商业化

近日，美国农业技术公司 Cibus 宣布与 RTDC Corporation Limited 和 Albaugh LLC 达成合作，共同推进 Cibus 的 HT-3 特性的商业化应用，该特性通过烯草酮（一种属于环己烯酮类的高效除草剂）产品提供杂草管理解决方案。

Albaugh 作为全球作物保护的领军企业，其市场开发和除草剂登记的专业知识将与 Cibus 在基因编辑领域的专长相补充，共同推动抗除草剂水稻特性的商业化进程。杂草对作物产量和质量构成威胁，而除草剂耐受特性是种植者管理杂草的关键工具。Cibus 的烯草酮耐受 HT-3 特性为水稻种植者提供了 1 种新型的杂草管理解决方案。这项技术结合了 Cibus 的基因编辑技术和 Albaugh 的优质除草剂，将为稻农提供更有效的杂草管理选项。Cibus 目前已在全球拥有 4 个种子合作伙伴，并正在与其他主要水稻种子公司探讨 HT-3 水稻在亚洲的推广事宜。

（信息来源：Cibus 网站）

Legend Seeds 与合作伙伴品牌结成战略联盟，开展深度合作

美国种子公司 Legend Seeds（位于南达科他州）和 Partners Brand Seed（位于印第安纳州，主营玉米和大豆种子）于近期宣布结成战略联盟，拟利用两家公司的优势提高运营效率、共享专业知识、改进战略规划，以及共同应对行业挑战。两家公司在保持各自独立性的同时，重点在种子解决方案方面开展深度合作。

两家公司将借助此次合作扩大产品组合。Partners Brand Seed 将获得 IMPACT Enlist 大豆和 YieldMaster Solutions 生物制品的使用权，Legend Seeds 将通过 Partners Brand Seed 分销拜耳的特色产品。虽然两家公司服务于不同的地区，但这一合作将通过整合双方优势，加强两家公司作为种子行业领导者的地位，从而能够为客户提供更全面的种子选择方案。

（信息来源：Legend Seeds 网站）

Yield10 申请生产 ω-3 亚麻荠

近日，美国农业生物科学公司 Yield10 Bioscience（Yield10）宣布，该公司向美国农业部动植物检疫检验局（USDA-APHIS）生物技术监管处（BRS）提交监管状态审查（RSR），申请生产富含 EPA 和 DHA 的 ω-3 亚麻荠品种。该公司文件显示，ω-3 亚麻荠 DHA1 品系生产的油中含有约 10% EPA 和 10%DHA，与北半球鱼油中的 ω-3 EPA/DHA 脂肪酸谱非常相似。

亚麻荠 ω-3 技术被认为是在陆地上可持续地生产高价值 ω-3 的理想替代品，可解决鱼油中 ω-3 供应短缺问题，在全球水产饲料和人类营养市场具有巨大潜力。Yield10 于 2023 年第四季度在智利种植了大规模的 ω-3 亚麻荠，以增加种子库存，并计划与潜在的商业伙伴合作。

（信息来源：AgroPages 网站）

UPL、拜耳、先正达等农化巨头布局生物制剂业务

生物制剂作为一类可持续的农业解决方案正在快速崛起，UPL、拜耳、先正达、科迪华和富美实等行业巨头纷纷加快布局生物制剂业务，培育企业新的经济增长点。

UPL——印度农用化学品制造商 UPL 旗下天然植物保护业务部门 NPP 的产品覆盖生物防治和生物刺激素领域。2023 年在巴西推出生物杀线虫剂 Nimaxxa；已在欧洲推出的防控霜霉病的 Yukon，将在 2025 财年进入拉美地区的多个市场。2023 年，UPL 在墨西哥建立了 NPP 研究中心；2024 年，在巴西扩大了 Bioplanta 工厂，产品包括基于海藻和微量营养元素的产品，其产能计划在未来几年成倍增长。UPL 还在斯里兰卡设立全资子公司 UPL Lanka Bio；与 Radicle Growth 合作发起了"天然植物保护挑战赛"，将向全球推动生物解决方案发展的初创公司投资 175 万美元。UPL 的目标是未来 3 年内以约 14% 的复合年增长率超越全球市场增速（10%）。

拜耳——拜耳公司生物制剂业务的重点在生物防治以及生物刺激素这两

个细分领域，其生物解决方案包含多种含有微生物、微生物代谢物或植物源活性成分的产品。拜耳目前已推出超过 20 款生物制剂。2024 年 4 月拜耳在中国发布了根域守护™品牌，基于专利菌株—解淀粉芽孢杆菌 QST 713 开发的卓润® 和赛内得® 是最为亮眼的产品。拜耳计划在欧洲推出一款以黑胡椒油性树脂为活性成分的鸟类防控产品 Ibisio 种子处理剂。拜耳的目标是其生物制剂业绩的年复合增长率达到 17%，即销售额从 2022 年的 2 亿欧元增至 2035 年的 15 亿欧元。

先正达——在生物制剂业务方面，先正达向西班牙市场新推出了 1 款含有高浓度天然除虫菊酯的生物制剂 Pyrevert 5% EC。该产品获准用于多种园艺作物和果树。与此同时，先正达也开展了一系列的外部合作：一是先正达与 Lithos Crop Protect 达成协议，向欧洲市场供应其干扰玉米根虫交配的信息素喷剂。二是与植物源信息化合物企业 Agriodor 合作，开发对抗甜菜蚜虫的创新型信息素产品。三是与 Lavie Bio 携手合作开展生物杀虫剂候选物的快速识别与优化。四是 2023 年 8 月，先正达收购了以开发天然植物内生菌制剂为主营业务的企业 Intrinsyx Bio 40%的所有权，双方合作向全球农业市场供应后者独有的可用于种子处理和叶面喷施的内生菌制剂。该制剂能够将大气中的氮直接转化为植物可利用的形式。五是与合成生物创新平台 Ginkgo Bioworks 达成新合作，计划开发和优化一种微生物菌株，以实现先正达生物制品管线中开创性的次生代谢物的生产目标。2023 年先正达生物制剂的销售额达到了 3.87 亿美元，较上年增长 11.2%。生物制剂业务正成为先正达可持续发展的核心业务之一。

科迪华——在收购 Stoller 和 Symborg 之后，科迪华成立了生物制剂业务部门，涵盖生物防治和生物刺激素业务。生物刺激素业务方面，科迪华的叶用固氮菌剂 Utrisha N 进入了巴西和澳大利亚等国市场，用于玉米、小麦和油菜等作物以提高产量。科迪华为开拓生物制剂业务而开展的企业合作主要有：一是和 Bioceres Crop Solutions 达成合作协议，共同加快 1 款生物杀虫剂推向欧洲市场。产品获得登记后，将用于处理科迪华 Pioneer 品牌的种子产品，科迪华也同时成为该产品在欧洲的独家经销商。二是在与 Lavie Bio 的合作中，科迪华被独家授权进一步开发和商业化 Lavie Bio 针对水果腐烂病和白粉病的生物杀菌剂候选产品。

富美实——总部位于美国的跨国化学品公司富美实近年来也积极布局生物制剂领域,与一些公司开展了研发与经销合作:一是与丹麦的诺和新元扩大了战略合作,从2025年种植季开始,将成为诺和新元在加拿大特定农用生物制剂的独家分销商。二是与农资经销商 Girassol Agrícola 建立合作关系,向巴西市场提供经过富美实生物杀线虫剂 Presence Full 和保护剂 Permit Star(抗异噁草松除草剂)处理的种子。三是与开发可生物降解微囊技术的生物技术公司 AgroSpheres 开启研究合作,将后者的技术优势与富美实的高通量测试、评估和进入市场的实力相结合,加速新型生物杀虫剂的挖掘、开发和上市速度。

UPL、拜耳、先正达、科迪华和富美实 5 家农化巨头在生物制剂领域的积极布局,将深刻影响生物制剂产业的发展,促进生物制剂与传统农化产品、种子业务的深度融合,有助于加速全球化学农药的替代进程,推动农业向更环保、更可持续的方向发展。

(信息来源:AgroPages 网站)

比利时 Protealis 获得 2 200 万欧元 B 轮融资

近日,比利时可持续植物蛋白种子方案解决商 Protealis 宣布完成 B 轮融资,共筹集 2 200 万欧元。此轮融资有助于推动 Protealis 在主要欧洲市场的持续商业发展和扩张,扩大作物产品组合并支持其技术平台,包括基于基因指纹和人工智能相结合的作物产量和质量预测等高科技创新,从而进一步加快向市场推出新的、更好的蛋白作物品种。

Protealis 专注于为欧洲农民提供开创性的可持续解决方案,以满足对植物蛋白日益增长的需求。该公司的种子和种子育种技术平台不仅提高了作物产量和蛋白质水平,而且最大限度地减少了农业对生态的影响。专注于不需要任何额外矿物氮肥的本地豆科作物,Protealis 将进一步加强区域粮食系统,并为农民带来新的机会,同时为全球可持续发展目标作出贡献。

(信息来源:AgroPages 网站)

大北农加入欧洲生物技术联盟

大北农集团近日宣布正式加入欧洲生物技术联盟，这标志着其在生物育种、农业生物科技等领域的技术实力将得到进一步的加强，也将为欧洲乃至全球的生物技术领域带来新的活力与资源。

欧洲生物技术联盟是欧洲最具权威的生物技术组织之一，汇聚了全球顶尖的生物技术专家、研究机构及企业，在推动生物技术创新、成果转化及国际合作方面具有广泛的国际网络和影响力，尤其在农业生物技术、合成生物学、医药健康等领域引领全球科技潮流。

大北农集团在生物育种、生物制品、智能养殖等领域积累了深厚的技术实力，并拥有丰富的应用场景。旗下的生物技术公司近期再次通过国际监管创优（ETS）和 ISO9001 质量管理体系双重认证，确保了生物育种研发的全程可追溯管理，并搭建了工程化生物育种研发体系，在国内处于领先地位。大北农集团还积极整合全球大农业生物科技资源，聚焦生物合成、基因编辑、蛋白质组学、医药健康、人工智能+等方向，共建中关村生物智造创新中心。

未来，大北农集团借助欧洲生物技术联盟的国际平台，将推动更多国际合作项目的落地，搭建与全球顶尖生物技术机构的合作平台，吸收欧洲先进的生物技术研究成果，进一步推动农业生物科技的革新与发展。

（信息来源：AgroPages 网站）

韩国开发牛肉大米作为替代蛋白

韩国延世大学工程学院化学与生物分子工程系开发出一种将米粒、纳米涂层和动物细胞整合在一起的新型食品成分，一旦商业化，可以提供一种更实惠、碳足迹更小的蛋白质替代品。相关研究成果 2 月 14 日发表于《材料》（Matter）。

动物需要生物支架来生长组织和器官。研究人员使用米粒作为固体支架容纳动物源性细胞。在米粒上涂上鱼明胶后，将牛肌肉和脂肪干细胞接种到米中，并在培养皿中生长9~11 d。结果表明，培养牛肉饭的蛋白质含量比普通大米高8%，脂肪含量高7%。研究人员称在本研究中使用的所有米粒、鱼明胶和转谷氨酰胺酶都可以不受食品法规的限制进行商业化。此外，米粒上的鱼胶涂层在细胞分化过程中缓慢分解，并且可以通过烹饪热量完全去除。鱼胶用来包裹米粒中的大量细胞，作用结束后就会分解，不存在食品安全风险。

这项研究的策略和结果为开发各类基于细胞的未来食品提供了可行思路。这些混合谷物未来可用于饥荒的粮食救济、军事配给，甚至太空食品。

（信息来源：ISAAA网站）

科迪华推出新平台，以投资初创企业，加速颠覆性技术开发

科迪华3月19日宣布推出1个新的投资和合作伙伴平台Corteva Catalyst，专注于获取农业创新并将其推向市场，从而推进公司的研发重点并推动价值创造。

Corteva Catalyst将与企业家和创新者合作，加速早期颠覆性技术的开发。该平台将科迪华的专业知识、研发能力、全球布局和基础设施，与初创企业和大学对技术领域的敏锐性结合起来，支持突破性技术的开发和商业化，为全球农民提供新的农业解决方案。这一举措将扩大科迪华的产品线并加速其业务的增长。Corteva Catalyst初期将重点关注与公司研发重点相一致的4个战略领域，即基因组编辑、生物制品及天然产物、技术平台和决策科学，并将投资与其业务领域匹配的初创公司。

（信息来源：Corteva网站）

美国Inari完成1.03亿美元融资

近日，美国农业科技初创公司Inari宣布完成融资1.03亿美元，使其估值达到16.5亿美元。截至目前，该公司总融资额达到5.75亿美元以上。

Inari创立于2016年，总部位于马萨诸塞州剑桥市，致力于开发玉米、大

豆、小麦和其他需要较少资源（水、土地和肥料）的种子，从而解决粮食安全和可持续发展等关键问题。Inari独有的SEEDesign™平台通过人工智能驱动的预测设计和多重基因编辑技术的结合，能够更深入地了解植物复杂的内部运作，并同时对多个基因进行各种编辑。科学家可以同时开启和关闭基因，上调或下调基因的表达以增加或减少其效果，并通过PRIDE™技术进行高度精确的基因替换。

（信息来源：Inari网站；Bloomberg网站）

日本开发高效农作物收割机器人抓手

近日，日本先进科学技术研究所（JAIST）开发了1种创新的机器人软抓手，名为"基于旋转的挤压抓握器（ROSE）"。该机械人抓手是首批利用屈曲变形作为抓取方法的夹具之一，通过模拟优化了其基于起皱的抓握机制，具有柔软且安全的抓握能力，可以适应不同作物待收割部位复杂的形状、尺寸和脆弱的性质。研究显示，该工具可以显著提高作物收割效率，标志着机器人夹具的重大进步。相关研究成果发表于《国际机器人研究杂志》（The International Journal of Robotics Research）。

机器人夹具在农业领域主要用于收获和包装工作。然而，传统的机器人夹具很难适应不同作物待收割部位的形状和尺寸。

ROSE由1个隔离的杯形腔室构成，该腔室由两个薄而柔软的弹性体层组成，内层和外层之间有分隔。使用外部电机仅旋转内层会导致各层变形。具体讲，内层的扭转运动会导致内外层之间的应变不匹配，从而形成一系列皱纹状向内折叠，这一过程称为"起皱"。这种独特的机制收缩了中心空间，使ROSE可以轻轻地抓住中心空间内的任何物体。为了完善这一机制，研究人员通过基于有限元方法的模拟模型研究了"起皱"过程。模拟揭示了不同几何特征之间的相关性，包括厚度、直径和高度。结果表明，ROSE"皮肤"厚度的适当分布，即层之间的分离，对其抓取性能有显著影响。研究人员测试了两种不同的厚度分布策略，即线性和非线性分布，与恒定厚度相比，明显提高了ROSE的抓取性能。此外，模拟还强调了夹具直径和高度之间的比率的重要性。各种模拟实验验证了ROSE可以执行传统夹具难以完成的任务。农业生产实际应用中，草莓和蘑菇的多次收获试验结果显示 ROSE 成功率很高。

（信息来源：Science Daily 网站）

未米生物完成亿元 A 轮融资，聚焦开发基因编辑玉米

近日，未米生物科技（青岛）有限公司宣布完成亿元 A 轮融资。本轮融资将助力该公司基因编辑玉米的研发和市场推广，也将加速其核心战略产品高蛋白玉米的研发和商业化进程。

未米生物是一家专注于基因编辑和生物育种技术创新研发的企业，拥有自主知识产权的递送技术、精准编辑技术和工具酶系统，以及高通量创制的核心突变体资源库和智能育种平台。该公司在农业、大健康领域以及生物反应器模块开展了多元化布局，与多家潜在合作方正在积极推进研产协同合作。该公司近年聚焦饲料蛋白的替代方案，第一代高蛋白玉米产品已完成中试研究，预计将在 2025 年开展商业化种植。

（信息来源：AgroPages 网站）

先正达开放基因编辑及育种技术授权

先正达集团 6 月 4 日官网讯，先正达集团将为全球学术研究提供优质基因编辑和育种技术的授权，以促进创新和推动农业可持续发展。此类授权可以在先正达集团创新合作平台 Shoots by Syngenta 上获取。

Shoots by Syngenta 全球创新合作平台创建于 2023 年，旨在与多方建立伙伴关系，为粮食和农业领域错综复杂的诸多挑战提供解决方案。这项授权行动将聚合外部创新力量（包括学术界、研究机构和其他实体）与先正达 6000 多名科学家组成的全球网络的力量，共同开发解决方案，以缓解气候变化、增强生物多样性、为大小农户提供更优服务、拓展基于 CRISPR 技术的潜力。目前，先正达已为此建立精简高效的技术授权流程。

（信息来源：先正达网站）

先正达扩大跨行业合作领域，加快农业研发进程

2月29日，先正达宣布与IBM研究实验室（IBM Research）以及美国生物技术公司Maxygen达成合作，将先正达领先的农业研究和专有数据集与合作伙伴的数字化和生物技术相结合，更快、更高效地应对农业新挑战。这是先正达2023年推出创新加速器平台Shoots by Syngenta以来达成的两项重要合作。

与IBM Research的合作有助于先正达使用IBM-RXN软件提高化学合成能力。IBM-RXN是1款使用语言模型合成新分子和材料的软件，能够对化学反应进行编码、建模和预测。通过将先正达的化学研究和专有数据集与IBM的反应建模功能相结合，并利用IBM开创性的建模方法自然语言处理（NLP）技术，将为合作伙伴提供可扩展、准确且基于数据的预测建模。这将使先正达能够同时研究多种相关化合物，并优先选择能将化合物最大商业化的方案。双方团队正致力于将反应建模扩展至生物催化反应和代谢转化领域，以支持设计更可持续、安全且对环境影响较小的合成程序。

此外，先正达还与专门从事蛋白质定向进化研究的美国生物技术公司Maxygen进行合作，优化分子使能技术，目前已发现具有高度改进属性的蛋白质变体。

（信息来源：先正达网站）

先正达利用AI大语言模型加速农作物种子性状研究

先正达种子公司6月18日宣布与人工智能公司InstaDeep合作，将先正达专有的性状研发能力与InstaDeep的大语言模型（LLM）平台结合起来，加速作物性状解决方案的开发。InstaDeep开发了1种先进的语言模型AgroNT，该模型使用来自作物的数万亿个核苷酸进行训练，以解释遗传密码的复杂语言。这种下一代人工智能技术从自然中学习，旨在准确预测基因是如何被调节的，有可能使性状控制和作物性能达到一个新的水平。

合作的初始阶段将集中于玉米和大豆的人工智能介导的性状设计。此次

合作进一步加强了先正达种子研发的速度、精度和力量,加速了性状的进步。大语言模型的使用旨在缩短研究周期,支持科学决策,为农民带来有价值的解决方案。

(信息来源:先正达网站)

先正达推出可提高作物养分利用率的新型制剂

7月8日先正达官网讯,先正达生物制品公司和硅谷生物科技公司Intrinsyx Bio宣布合作,将推出1种新型生物解决方案,配备了Intrinsyx Bio专有的内生菌配方。内生菌是1种寄生在植物中的微生物,它可以将大气中的氮直接固定到植物中,从而提高磷和微量元素等关键营养素的可用性和吸收率,减少了对合成肥料的需求,使农民在耕种中的营养管理策略更具灵活性,同时降低了农业对环境的不良影响。双方此次合作开发的生物制剂将用于种子处理和叶面施用,且适用于多种主要农作物。

(信息来源:先正达网站)

以色列GeneNeer获得100万美元种子轮融资

近日,以色列基因编辑性状开发公司GeneNeer宣布获得100万美元种子轮融资。此轮融资由加拿大Tall Grass Ventures和德国2b AHEAD Ventures领投,将加快GeneNeer的基因编辑和基因发现方法的研究和开发,以支持其快速作物种子创新技术的加速发展。GeneNeer首个重点关注领域是马铃薯市场,并通过战略合作伙伴关系积极寻求在其他主要作物的进一步发展。

GeneNeer通过加快精确控制的基因编辑和快速基因发现的创新技术推动农业发展,并利用其专有的Superlines基因编辑工具和组织特异性沉默功能来提高当前育种技术的精度、速度和安全性。GeneNeer致力于作物种子创新,为气候变化影响提供更快速、更本土化的解决方案,并加快开发更健康、更具功能性的天然食物。

(信息来源:AgroPages网站)

种业巨头科沃施退出南美洲转基因玉米业务

国际种业巨头德国科沃施（KWS）3月25日发布消息称，该公司与阿根廷植物遗传学公司GDM已签署协议，决定将在巴西和阿根廷的玉米业务出售给后者。交易的主要内容包括南美洲（巴西、阿根廷、巴拉圭和乌拉圭）所有的玉米育种和销售业务，以及阿根廷和巴西所有的玉米生产基地。

负责玉米业务的KWS执行董事会成员表示，为了全力实现该公司的战略目标（主要与蔬菜和植物性食品市场相关），决定在业务成熟时退出转基因（GM）玉米种子业务。预计此次交易将有助于KWS追求整个集团的独立性和实现长期的盈利目标。该交易将产生数百万欧元的销售收入，预计将于2024年第二季度完成。KWS称，该集团在欧洲的玉米业务不会受到此次交易的影响。

（信息来源：科沃施网站）

政策规划

EPA、FDA 和 USDA 联合发布生物技术联合监管计划

美国农业部 5 月 8 日官网讯，美国环境保护署（EPA）、美国食品和药物管理局（FDA）和美国农业部（USDA）制定了一项生物技术联合监管计划，旨在更新、简化和澄清其生物技术产品的法规和监督机制。该计划包括实施监管改革的流程和时间表，如确定需要更新、简化或澄清的指南和法规，以及确定对新指南或法规的潜在需求。该计划支持政府对生物技术产品采取整体监管。

目前已确定监管的 5 个主要领域包括：改良植物、改良动物、改良微生物、"人类药物、生物制剂和医疗器械"，以及跨领域问题。明确了要共同开展的三项工作：（1）澄清并简化对转基因植物、动物和微生物的监管；（2）通过谅解备忘录更新和扩大信息共享，以改善和扩大修饰微生物监督的沟通和协调；（3）开展一个以改良微生物为重点的试点项目，以探究开发一种网络工具的可行性和预期成本。

（信息来源：USDA）

NIFA 动物育种、遗传学和基因组学投资方向

美国农业部国家食品与农业研究所（NIFA）6 月 26 日官网讯，对 NIFA 农业和食品研究计划中的动物育种、遗传学和基因组学计划优先领域予以资助，以开发新的定量遗传方法研究、国家和区域育种战略、改善选择标准的新表型和育种中性状记录的高通量方法，以及控制近亲繁殖的替代方法。目前已确定资助的研究方向包括如下内容。

- 开发畜禽基因组调控元件数据库；
- 研究构建牛睾丸发育和精子发生过程中的转录组动力学和基因调控网络；
- 利用转录组数据进行跨品种基因组预测；
- 开展马泛基因组功能注释并创建整合的马基因组学数据资源门户；

- 建立跨农场动物基因组学的研究人员网络；
- 推动基因组学方法在山羊育种中的应用，以减轻肠道甲烷排放；
- 构建并不断改进可公开访问的猪参考泛基因组数据集；
- 研发和优化新的方法、工具，以评估基因组选择可能产生的负面影响；
- 为马泛基因组和泛转录组的创建和实际应用开发基础设施；
- 创建一个多维生物信息学框架，将生物技术、信息技术和数据分析相结合，用于识别恢复力相关的生物标志物，为育种计划，疾病监测和生理评估提供支持；
- 生产具有多种脂肪酸生物合成酶基因的转基因鲶鱼和杂交鲶鱼，并评估转基因数量对改良鲶鱼 ω-3 脂肪酸水平和比例、生长、体型、质地、脂肪含量、蛋白质含量、表型变异性和抗病性的影响。

（信息来源：USDA-NIFA）

NSF 牵头向未来农业技术和解决方案研究计划投资 3 500 万美元

据 NSF 官网 2 月 6 日消息，美国国家科学基金会（NSF）与农业部"NSF 融合加速器计划"的 7 个研究团队进入第二阶段研究。该计划旨在应对粮食和营养不安全挑战。该阶段的研究投资共计 3 500 万美元。研究方向如下。

- 开发基于海藻的吸水剂，用于帮助农民在不规则降雨和灌溉期间保持土壤水分，以解决缺水问题。
- 利用数字孪生技术提供按需、即时决策的解决方案，最大限度地满足用户的种植需求。通过物理和人工智能或基于机器学习的建模和仿真，对种植系统进行近实时远程观测，从而达到解决方案的最优化。
- 构建人工智能数据转换平台，整合从农场到市场的供应链上的销售和生产数据，以帮助规划和管理地区食品供应。
- 提高整个乳制品供应链的营养安全和质量，创新工艺，提高产品质量的一致性和生产效率。
- 利用知识同化和地理空间技术，将企业主与资本、供应链、政府、投资者和社区组织的资源联系起来。
- 构建"营养网"，为生产者、捐助者、分销商和消费者提供沟通渠道。

提供的工具箱包括一个便携式、易于操控的食品质量传感器和一个实时应用程序。

● 利用快速病原体传感器提供数据驱动的解决方案，通过可视化预测和优化功能，降低食源性病原体风险，创造安全的食品供应。

（信息来源：NSF）

USDA投资1.21亿美元于特色作物研究和有机农业生产

9月10日，美国农业部（UASA）宣布投资约1.21亿美元用于特种作物研究和有机农业生产，其中，7 040万美元用于支持17个美国本土特种作物生产研究项目，5 050万美元投入30个有机农业项目。

1. 特种作物生产研究项目

美国《农业法案》将水果、蔬菜、树坚果、干果、园艺和苗圃作物等定义为特种作物。本次资助项目包括：商业鳄梨生产研究（佛罗里达大学）；苗圃作物可持续发展（北卡罗来纳州立大学）；极端气候下商业苹果和梨生产策略（华盛顿州立大学）；提高美国草坪物种丰富度（俄克拉荷马州立大学）；豆类（Phaseolus spp.）育种（华盛顿州立大学）；生产特种作物的泥炭基质替代品研究（路易斯安那州立大学农业中心）；培育优质番茄品种（德克萨斯农工大学农业生命研究中心）；开发麝香葡萄杂交品种（阿肯色大学农学系）；针对多年生特种作物采用的新型除草技术（康奈尔大学）；加速杉木的遗传改良（北卡罗来纳州立大学）；园艺作物中的滋扰性和植物食性软体动物研究（佛罗里达大学）；提高梅花作物的气候适应能力（华盛顿州立大学）；制定多年期可持续草莓生产战略提案（西德克萨斯农工大学）；创建针对水果虫害的项目（农业研究服务）；木本观赏作物维管条纹枯萎病（VSD）的管控（田纳西州立大学）；利用紫外线改善新鲜农产品品质（堪萨斯州立大学）；葡萄园病原监测和疾病管理（华盛顿州立大学）。

2. 有机农业项目

获得资助款项的有机农业项目包括"有机农业研究和推广项目（OREI）"（23个）和有机转型项目（7个）。

OREI项目包括加利福尼亚西南沙漠地区农民有机生产和食品安全系列培

训（加州大学）；提高有机柑橘的产量和可持续性（佛罗里达大学）；美国南部地区有机葫芦生产综合管理（佛罗里达大学）；有机蔬菜新品种（康奈尔大学）；有机种子产业的可持续性和盈利性研究（有机种子联盟）；多年生有机谷物和饲料生产系统和增值部门的可持续性和复原力研究（田纳西州立大学）；有机物添加物对土壤微捕食者多样性的影响（佛罗里达大学）；欧洲普通荞麦和苦荞麦品种育种（华盛顿州立大学）；建立有机农业社区培训和劳动力发展网络（北卡罗来纳州农业和技术大学）；利用含精油（EOS）的有机蔬果涂料延长果蔬保质期（田纳西大学）；强化高等教育有机农业方向的学科设置和人才培养（明尼苏达大学）；有机奶牛管理（明尼苏达大学）；提高有机干豆种子的耐久性、加工质量和消费者接受度（农业研究处）；有机番茄作物疾病防控（普渡大学）；有机农业区域发展战略的制定和研究成果的有效传播（温洛克国际农业发展研究所）；旱地谷物种植系统（犹他州立大学）；短季有机鹰嘴豆品种育种（克莱姆森大学）。

有机转型项目包括：厌氧土壤灭虫杂草管理（宾夕法尼亚州立大学）；抑制由欧文氏菌引起的水果火疫病以及果实锈斑病（康涅狄格州农业实验站）；有机蔬菜生产中根结线虫的抑制（普渡大学）；实现高利润的有机谷物和牧草双茬种植（田纳西大学）；制定威斯康星州有机农业土壤健康管理指南（威斯康星大学系统）；有机农业中增强岩石风化（ERW）的测评和应用（北卡罗来纳州立大学）；噬菌体治理细菌性植物疾病的研究和技术推广（密歇根州立大学）。

（信息来源：USDA-NIFA）

USDA 投资万美元用于生物技术风险评估研究

由美国农业部（USDA）"生物技术风险评估资助（BRAG）计划"支持对多种生物体的管理和自然环境进行调查研究，这将有助于协助政府监管机构就基因工程生物体对环境的影响做出循证决策。2024 年，BRAG 资助了 8 个研究项目和 3 个学术会议。研究方向如下。

特种作物的监管和援助研讨会；畜牧生产系统中基因工程微生物的环境影响和生态后果评估；基因组编辑柑橘抗黄龙病和柑橘溃疡病的脱靶和表型

效应的全基因组评估；美国基因组编辑微生物及其产品的监管政策研讨会；位点特异性重组酶作为植物生物技术和生物安全工具的风险评估；基因工程绝育果蝇的扩散行为研究；转基因作物抗性中拷贝数变异的证据及其早期检测方法研究；Cas9 和 Cas12a 胞嘧啶碱基编辑器在对水稻高度多重编辑中的全基因组脱靶研究；动物和作物改良的生物技术方法以及转基因生物的环境风险评估研讨会；抑制果蝇和螺蛆种群的归巢基因驱动的开发、评估和建模；基于害虫治理的基因技术风险的监测与防控实践。

（信息来源：USDA-NIFA）

澳大利亚启动为期六年的国家生物安全计划

近日，澳大利亚发布了一项由谷物研究与开发公司（GRDC）和 5 个州政府部门合作牵头的国家生物安全计划，名为"国家谷物诊断和监测计划（NGDSI）"，并投资 4 270 万美元。该计划为期 6 年，将利用最先进的技术和流程提高澳大利亚快速检测和准确诊断外来害虫和植物病害的能力。

澳大利亚这项举措将与其现有的虫害监测体系相结合，以加快检测速度，进而制订更具响应性的根除或管理计划。该计划也将利用澳联邦农业、渔业和林业部以及外交和贸易部的情报网络，对每种谷物的高优先级害虫（HPPP）、国家重点植物有害生物（NPPP）和 10 种新出现的害虫风险进行病虫害风险分析。该计划还将支持澳大利亚各地生物安全专家的研究发展，实现监测技术的现代化，并利用全球情报资源预测该国谷物行业未来可能面临的病虫害风险。

（信息来源：GROUNDCOVER 网站）

巴基斯坦正式允许进口转基因大豆

日前，巴基斯坦国家生物安全委员会向 39 家公司颁发了大豆进口许可证，正式授权企业进口转基因大豆。这是巴基斯坦联邦政府在国家食品安全与研究部、气候变化部、环境保护局和其他各利益相关者进行广泛磋商后实施的举措。巴基斯坦家禽协会（PPA）部分成员表示，这一举措将有助于通过为家禽饲料提供优质大豆的稳定供应来增强该行业的生产率和竞争力。

2022年12月，由于大豆进口商拒绝接受巴基斯坦植物保护部对货物进行检测的要求，时任国家粮食安全部长塔里克·巴希尔·奇马拒绝了进口商释放滞留在港口数周的进口大豆的要求。他彼时明确表示，巴基斯坦不允许进口转基因大豆。

（信息来源：巴基斯坦国家生物安全委员会）

巴西、荷兰分别批准 2 项和 3 项转基因作物的商业化种植

8月1日，巴西批准拜耳和科迪华的2个转基因玉米的商业化种植，品种分别为转基因玉米 MON87427×MON94804×MON95379×MIR162×MON88017 和转基因玉米 DP910521。前者由拜耳巴西有限公司申请，含有 $CP4epsps$ 基因、$Cry1B.868$ 基因、$Cry1Da\_7$ 基因、$Cry3Bb1$ 基因、$GA20ox\_SUP$ 基因、$Vip3Aa$ 基因，具有矮秆、抗鳞翅目和鞘翅目害虫以及抗草甘膦除草剂的特性。后者由科迪华农业巴西有限公司申请，含有 $cry1B.34$ 基因和 pat 基因，具有抗鳞翅目害虫和抗草铵膦除草剂的特性。

9月19日，荷兰批准转基因玉米 T25 和 MON87460 以及转基因棉花 GHB614×LLCotton25 的商业化种植。荷兰转基因委员会（COGEM）发布了这3个转基因作物的进口和加工续授权申请的风险评估报告。并在此前对上述转化体进行评估，给出不存在安全问题的结论。基于生物信息学等数据，COGEM 认为上述转化体的进口和加工对荷兰环境造成的风险可以忽略不计。

（信息来源：AgroPages 网站）

德国和瑞士研究团队创建了全球国家农业环境政策数据库

近期，德国波恩大学和瑞士苏黎世联邦理工学院研究团队创建了一个全球国家农业环境政策数据库，其中包含1960年至2022年期间约200个国家/地区实施的6 124项农业环境政策。该数据库涵盖了不同的政策类型（如法

规、框架、支付方案）和主题（如生物多样性保护、更安全的农药使用和减少化肥污染）。该数据库可以在全球范围内进行长期跟踪，以研究背景因素和政策设计如何相互作用；政策变化何时以及如何发生；目标和手段何时何地发生了变化；与间断的"转型"变化相比，随着时间的推移，微小的设计变化是否产生了效果等。

研究团队基于该数据库，发现全球各国的农业环境政策分布不均，欧洲国家的政策最多，相比之下，非洲国家同期实施的公共农业环境政策最少。最常见的政策类型是"命令和控制"型；随着时间的推移，政策的数量稳步增加，反映了这些政策在政治议程上的优先级越来越高；最常见的政策目标是化肥的减量施用以及森林和生物多样性保护。研究还揭示了经济发展与农业环境政策之间存在着显著的正相关联，全球43%的国家间土壤侵蚀边界不连续现象可以通过政策差异来解释。全球国家农业环境政策数据库的建设以及上述的研究结果为现有研究提供了重要见解。

（信息来源：德国波恩大学；瑞士苏黎世联邦理工学院）

法国发布 2030 生态环保战略

法国政府于 5 月 6 日发布了"Écophyto 2030"生态环保战略，旨在减少植保产品的使用，并降低其使用风险。该战略阐述了法国在农业领域的 3 个发展目标：以"同一个健康"的方式保护公众健康和环境；支持提升农场的经济和环境绩效水平；通过技术升级实现高水平的作物保护。

通过这一战略，法国力求实现将植保产品的使用和总体风险降低 50% 的目标。具体实施措施包括 5 个方面：加快寻找植保替代品；加快在所有农场部署生态农业解决方案；更好地了解和减少使用植保产品对健康和环境的风险；推进植物保护研究、创新和培训和开展植保区域化治理与评估。

（信息来源：法国农业和粮食主权部）

加拿大投资逾 1 000 万美元资助作物研究项目

由加拿大萨斯喀彻温大学（USask）牵头的 29 个项目获得总额逾

1 000万美元资金支持，其中加政府和省农业发展基金（ADF）支持近750万美元。ADF资助的研究范围广泛，包括作物基因组分析，通过轮作减少温室气体排放，通过改变气候条件提高作物产量等。主要研究方向如下。

- 使用无人机和光谱成像锚定优质小麦基因型，确定最佳作物表型；
- 研究不同作物轮作如何影响土壤释放温室气体，开发分析和减少农作物温室气体排放的新技术；
- 培育适应气候变化的高产鹰嘴豆和亚麻品种；
- 培育轮作中具有良好互作关系的扁豆和小麦高产品种；
- 将燕麦壳用作材料、化学品和功能性食品成分，使其增值；
- 开发豌豆和扁豆中丝囊菌根腐病的快速筛查技术；
- 开发对炭疽病0号小种具有部分抵抗力的扁豆品系；
- 将农业废弃物制成颗粒燃料，通过气化和燃烧转化为生物燃料；
- 通过改变油料作物的结构和功能，强化其在食品中的应用；
- 评估引起谷物褐枯病的半透明黄单胞菌从种子到幼苗的传播，建立接种阈值；
- 开发灌溉经济模式，以改善生产效率和可持续农业用水管理；
- 通过开发以天然纤维为材料的耐火管道，实现可持续农业废物管理；
- 油菜籽榨油后副产品的综合利用；
- 开发用于生产新型燕麦蛋白成分的商业湿法分馏工艺；
- 蚕豆和燕麦质地的植物蛋白作为肉类替代品的开发；
- 提高小麦赤霉病的防治效果；
- 小麦耐热抗旱性的基因组辅助育种；
- 探索蚕豆及其种皮的生化多样性及其增值潜力；
- 提升油料作物（油菜籽、亚麻籽和玻璃苣）油籽壳的总利用率；
- 利用菜籽油生产中产生的过滤废白土改良土壤；
- 利用数字表型加速小麦育种；
- 提高鹰嘴豆的磷利用效率和非生物胁迫耐受性；
- 提高亚麻产量、生物和非生物胁迫耐受性的遗传收益；
- 提高豌豆产量、种子蛋白含量和抗根腐病能力；
- 促进农田杂草治理；

- 开发绿色、非热能的、可持续的工艺，以改善豆类蛋白的功能。

（信息来源：加拿大萨斯喀彻温大学）

美国对几项转基因作物解除管制

8月27日，美国农业部动植物卫生检验局（APHIS）宣布对1项转基因小麦、1项转基因甜橙和1项转基因葡萄柚解除管制。转基因小麦IND-00412-7由阿根廷和法国合资企业Trigall Genetics SA研发，通过转入HahHB4基因和bar/PAT基因，兼具耐旱和耐草铵膦的特性；转基因甜橙和转基因葡萄柚均由美国佛罗里达大学研发，通过转入NPR1基因和NPTII基因，兼具抗柑橘黄龙病、耐卡那霉素和新霉素的特性。APHIS通过风险评估认为，和非管制的同类产品相比，上述转基因植物均不太可能造成更高的植物病虫害风险，APHIS对其解除管制。

（信息来源：AgroPages 网站）

美国发布国家301计划2023年报告

美国农业部农业研究局（ARS）发布了国家301计划（NP 301）"植物遗传资源、基因组学和遗传改良"2023财年报告，报道了2023年度该计划取得的最新成果。报告共分4个部分。

1. 作物遗传改良

主要进展包括：启动CERCA（重塑玉米循环经济）项目，基于作物建模、农学、遗传学和生理学，开发减少玉米氮需求的遗传资源；麦当劳接受马铃薯新品种'Teton Russet'作为其炸薯条黄金标准品种；确定了1个与花生黑粉病抗性相关的主要数量性状基因座（QTL）；改良的密穗小麦出口品种'Cameo'于2023年秋季上市；发布1种新的高产、抗病的啤酒花品种'USDA Vista'；开发抗病、高产花生研究和育种的新工具；开发更具营养的鹰嘴豆新品种；发布ARS早熟草莓新品种'USDA Lumina'，具有抗寒、高产、抗炭疽病和灰霉病等性状；开发并发布了一种冬季饲料大麦新品种

'USDA Fortress'，对 GB（麦二叉蚜）、RWA（麦双尾蚜）和新入侵蚜虫——"刺猬谷蚜"具有抗性；开发向日葵野生近缘植物抗锈病和霜霉病基因的堆叠种质系；开发抗枯萎病的匹马和陆地棉种质品系；开发高种子产量和高蛋白质含量的大豆种质系 USDA-N5001；开发含抗氧化剂花青素的长粒大米新品种'USDA-Tiara'；开发了一种新的抗寒早熟蓝莓品种'USDA-Spiers'；开发了富含番茄红素和花青素的樱桃番茄新品系；发现了一个重要棉花物种的基因组序列；开展基于基因组学预测的玉米种质改良株系性状多样性研究；开发马铃薯育种群体中块茎形状量化和空心缺陷分类的机器视觉技术；发现小麦广谱抗秆锈病基因；鉴定了 90 个与二粒小麦叶锈病抗性相关的染色体区域；通过嫁接实现咖啡兼抗叶锈病和线虫；开发新的大豆种质，确定替代蛋白质的大豆种子组成靶标；发现燕麦抗冠锈病育种基因及相关 DNA 标记；发现了决定花蜜量的向日葵基因的染色体位置及关键的遗传标记；评估南高丛蓝莓种质资源的果实品质属性；通过田间试验确定芹菜抗枯萎病新品种；发现新型抗黑森瘿蚊硬粒小麦品系；向日葵抗锈病基因的克隆；开发黄曲霉毒素含量少的高产杂交玉米新品系；研究了耕作和植物密度对高产大豆蛋白质生产的影响；通过开发新的快速检测方案有效地推进甜菜育种；以大豆为对象，研究了植物缺铁性黄化的新型作物模型；发现一个新的大麦对麦二叉蚜的抗性基因；确定了莴苣抗黄萎病 2 号小种的最有效育种策略；发布了高产大豆种质耐涝品系 USDA-N6006；发布了对赤霉病（FHB）具有新抗性的优良硬红春小麦（HRSW）品系；开发了对花生根结线虫和番茄斑萎病毒（TSWV）具有高抗性且种子油中含有高比例油酸与亚油酸的花生新品种'TifNV-HG'；在德国小麦品种"PI 351817"中发现了一种新的白粉病抗性基因；鉴定了具有基因型特异性并影响甜菜根采后贮藏品质的微生物组和代谢物相关标记；通过 CRISPR/Cas9 基因编辑产生与金属离子摄取和积累相关的突变植物；完成西瓜寄主植物抗病性鉴定；确定番茄作物增产的新基因。

2. 植物、微生物遗传资源和信息管理

主要进展包括：发布第一份关于气候变化对 USDA/ARS 国家植物种质系统（NPGS）保护行动的当前和未来可能影响的系统评估，以及 1 个基于网络的预测特定地点未来气温和降水量的应用程序；建成了世界最大的大麻遗传资源库（HGR）；评估了美国国家植物种质系统基因库中的数百个小扁豆样本，并确定了具有耐旱属性的样本；识别了芒果关键生殖性状的遗传标记；完善了用于重要经济作物种质管理的 GRIN 分类法；阐明了潜在农作物山灰（花楸）的遗传结构；开展了橡胶替代作物银胶菊的基因改良。

3. 作物生物学和分子过程

主要进展包括：研究高粱淀粉性状对人类健康的影响；预测最佳杂交组合加速大豆遗传改良；揭示臭氧在改变植物对低湿度的反应中的关键作用；开发提升作物抗旱能力的合成微生物群落；发现了大豆野生近缘种的一个新的蛋白质数量性状位点（QTL）；揭示了小麦抗白粉病的新认知；建立一个玉米生产力增长和气候弹性的预测模型。

4. 作物遗传学、基因组学和遗传改良的信息资源和工具

主要进展包括：快速三维蛋白质结构预测和分析技术；Breeding Insight 基因组学、表型学和数据管理新工具及咨询服务；胡萝卜和相关作物性状和遗传变异信息数据库。

(信息来源：USDA-ARS)

美国国会委员会推出与生物技术相关的立法提案

5 月 23 日，根据美国新兴生物技术国家安全委员会（NSCEB）的报告，美国国会委员会制定了 3 项立法提案，分别是《农业和国家安全法案》《农业生物技术协调法案》和《生物技术监督协调法案》。每项法案都进行了结构性改动，以加强美国政府在国家安全和新兴生物技术交叉领域的能力，并指示美国农业部（USDA）等机构以多种方式支持新兴技术。

《农业与国家安全法案》：该法案认识到识别和减轻食品与农业领域威胁的必要性，特别是在新兴技术方面。将设立一个新的美国农业部国家安全高级顾问，与农业部国土安全办公室合作；鼓励农业部与国家安全和情报机构之间的人员交流；并指示农业部找出现有国家安全和情报工作中与食品和农业相关的漏洞。

《农业生物技术协调法案》：在美国农业部内部，生物技术政策和活动涉及多个负责研究与开发、推广与教育、监管、标签和贸易的机构。该法案将设立一个农业部生物技术政策办公室，协调这些工作。该办公室还将为生物

技术开发者、学者、农民和其他可能受到生物技术政策变化影响的人员发声。

《生物技术监督协调法案》：该法案建立在联邦政府协调美国生物技术监管的基础上，响应开发商对监管效率和清晰度的要求。在美国生物技术监管近40年的历史上，该法案将首次在法律层面上要求跨部门协调。该委员会还将致力于改善美国生物技术监管，并解决贸易伙伴的监管如何影响美国生物技术公司的问题。

除上述法案外，参议院的一揽子计划还包括《合成生物学促进法案》，将设立一个合成生物学中心。

（信息来源：美国新兴生物技术国家安全委员会）

美国农业部NIFA发布多个重点领域资助计划

美国农业部国家食品与卫生研究所（NIFA）6—7月发布了对动物育种、作物育种、农业生物安全等多个重点领域的资助计划。主要研究方向如下。

1. 动物育种、遗传学和基因组学（600万美元）

（1）开发畜禽基因组调控元件数据库；

（2）研究构建牛睾丸发育和精子发生过程中的转录组动力学和基因调控网络；

（3）利用转录组数据进行跨品种基因组预测；

（4）开展马泛基因组功能注释并创建整合的马基因组学数据资源门户；

（5）建立跨农场动物基因组学的研究人员网络；

（6）推动基因组学方法在山羊育种中的应用；

（7）构建并不断改进可公开访问的猪参考泛基因组数据集；

（8）研发和优化新的方法、工具，以评估基因组选择可能产生的负面影响；

（9）为马泛基因组和泛转录组的创建和实际应用开发基础设施；

（10）创建多维生物信息学平台，为育种计划，疾病监测和生理评估提供支持；

（11）生产转基因鲶鱼和杂交鲶鱼，并评估转基因数量对改良鲶鱼的影响。

2. 农作物育种（860万美元）

（1）提高大豆对南方根结线虫的抗性；利用基因组和表型选择促进间作作物育种；

（2）将热带玉米地方品种的高效气生根固氮基因导入精选优良种质；

（3）整合作物生长模型和基因组预测，促进耐热马铃薯的培育；

（4）利用遗传和基因组资源培育抗多种果腐病的草莓品种；

（5）精确编辑TaRca2以增强小麦的耐热性；

（6）开发新方法/工具，通过限制近亲繁殖率控制遗传多样性的丧失；

（7）表型组学和基因组学增强大平原地区小麦的抗病能力；

（8）开发具有气候适应能力的新型水稻品种，提高稻米品质和营养价值；

（9）利用常规育种、基因组学和基因编辑方法培育耐夜间高温的高产优质水稻；

（10）通过增强分析平台的计算能力改进植物育种策略；

（11）优化基因组和表型资源，构建低投入低养护结缕草基础育种流程；

（12）综合基因组学育种加速草莓对土传疾病的抗性；

（13）豆类作物风味和气味基因组学研究，以提高消费者接受度；

（14）利用共表达网络理解和改善基因组预测中的基因型与环境的相互作用；

（15）开发种子中胰蛋白酶抑制剂和凝集素减少或去除的大豆基因型；

（16）提高美国棉花产量。

3. 农业生物安全（760万美元）

利用核酶设计安全有效的病毒除草剂；开发高致病性禽流感疾病防范快速反应工具。

（1）一种用于检测植物病原体的多功能、高通量分子诊断方案；

（2）预防和诊断猪瘟病毒的新策略；

（3）预测、减轻和快速应对全球重要入境检疫性仓储有害生物；

（4）利用数据融合提供牛蜱热（CFT）入侵风险预测；利用基于纳米颗粒-纳米孔的灵敏和高通量RNA传感技术检测和监测鳄梨日斑病毒病；

（5）开发蜱虫病原体"同一健康"多分子诊断检测方法；

（6）在非洲猪瘟病毒流行区和非流行区开展针对蜱虫与猪接触的病毒

监测；

(7) 借助科学方法和实际应用解决玉米焦斑问题；

(8) 监控亚洲长角蜱和东方泰勒虫病在美国的分布范围和生态状况。

4. 农作物新品种（270万美元）

(1) 开发兼用型冬小麦饲草品种；

(2) 加快提供优质、高产、符合市场需求的榛子品种；

(3) 利用基因渗入育种培育超级绿色棉花品种；

(4) 对第三代抗霜霉病黄瓜品种进行商业化；

(5) 在美国东南部推出两种蜈蚣草品种，通过农场试验获得最佳种群并对其进行商业化；

(6) 推动冬季油菜籽品种供应以满足新的油料需求。

（信息来源：USDA-NIF 网站）

美国批准种植转基因大麻等多种作物

近日，美国农业部批准转基因大麻的种植，并称该转基因大麻品种药用成分含量增加，作用于精神的活性成分减少。动植物卫生检验局（APHIS）给出审查结论，与其他栽培植物相比，这些转基因大麻不太可能增加植物虫害风险，可以在美国安全地种植，这种转基因大麻被称为 Badger G，由威斯康星大学下属机构开发。Badger G 增加了大麻素（CBG）的浓度，这是一种未被广泛监管的大麻素，对青光眼、炎症性肠病和亨廷顿舞蹈症（一种罕见的常染色体显性遗传性疾病）有药用价值。除了 CBG 修饰外，研究人员还使用基因敲除技术阻止植物产生四氢大麻酚（THC）和大麻二酚（CBD）。

此外，USDA-APHIS 还批准了几种转基因作物，包括两种籽油质量改良的转基因山茶花、抗除草剂的转基因油菜、品质改良和抗除草剂的转基因油菜和褐色芥末、品质改良的转基因大豆和抗真菌转基因马铃薯。

（信息来源：ISAAA 网站）

美国政府发布关于促进生物经济发展的报告

全球生物经济预计在未来十年将因关键技术领域的进步而迅速扩张,例如通过操控微生物的DNA将其编程为微型工厂。美国的生物经济——指源于生命科学(特别是生物技术和生物制造领域)的经济活动,包括产业、产品、服务和劳动力——有潜力创造数千个就业岗位和数十亿美元的经济增长。生物制造是指利用生物系统以商业规模生产商品和服务,它能够将植物、废弃材料和工业废气转化为制造日常消费品、药品、燃料等的基本物质。生物制造能力的持续增长是发展生物经济的关键。美国政府已通过《关于推进生物技术和生物制造创新以构建可持续、安全和可靠的美国生物经济的行政命令》(生物经济行政令),并指示联邦部门和机构制订计划,以扩大健康、能源、农业和工业部门的生物制造能力。

自2022年签署生物经济行政令以来,联邦投资已从27亿美元增加到超过35亿美元,包括国防部、生物制造发展卓越中心(BioMADE)、卫生与公共服务部战略准备和响应管理局、美国农业部(USDA)农村发展办公室以及能源部贷款项目办公室最近宣布的生物制造奖项。公共和私营部门对全美生物制造项目的投资已达460亿美元。

目前,美国政府已完成了生物经济行政令所指示的如下工作。

联邦政府发布了《美国生物技术和生物制造业目标:利用研究和开发促进社会目标》,概述了如何利用生物技术促进医学、食品和农业创新,减缓气候变化,以及增加美国供应链弹性;

总统科学技术顾问委员会发布了一份生物制造促进生物经济的报告;

白宫发布了"生物经济倡议"数据的愿景、需求和建议行动;

商务部创建了安全软件开发框架,为生物相关软件建立安全标准;

白宫发布《构建充满活力的国内生物制造生态系统》,为扩大国内生物制造能力提供战略方向,涵盖卫生、能源、农业和工业领域,重点是促进公平、完善生物制造流程和相关基础设施;

美国农业部发布了《建立弹性生物质供应:促进美国生物经济的计划》,以支持美国国内生物制造和生物基产品制造的生物质供应链的弹性,同时促进粮食安全、环境可持续性和服务不足社区的需求；

采购机构向管理和预算办公室报告财政年度支出，包括采购生物基产品的合同数量和金额；

以及承包商执行服务合同时使用的生物基产品的类型和金额；

为了增加联邦政府对生物基产品的采购，美国农业部最近制作了一个生物基产品购买卡持有人培训视频，介绍生物基产品的采购要求和好处；

白宫发布了《建设未来的生物劳动力》报告，旨在扩大美国人口在生物技术和生物制造方面的培训和教育机会，重点是促进种族和性别平等，并为服务不足的社区提供支持；

美国农业部、环境保护署（EPA）和食品药品监督管理局（FDA）发布了1份关于协调框架下生物技术监管中的模糊性、差距和不确定性的外联利益相关者报告；

美国农业部、环境保护局和食品药品监督管理局发布了《生物技术监管协调框架》，以更新、澄清和简化其对生物技术产品的监管和监督机制；

美国农业部、美国环保署和美国食品药品监督管理局发布了关于生物技术监管体系的简明语言信息，以明确每个机构对不同类型的生物技术开发产品的监管角色、责任和流程；

商务部发布《生物经济词汇》，以帮助支持生物经济的测量和风险评估；

商务部发布了1份关于制定生物经济经济贡献的国家措施的可行性研究报告。

（信息来源：白宫网站）

2023年巴西生物技术发展报告

2023年12月8日，美国农业部外国农业服务局发布了巴西生物技术年度报告，主要内容如下。

巴西是全球第二大生物技术作物生产国，截至2022年10月3日，巴西共批准商业种植105项转基因事件（玉米55项，棉花23项，大豆18项，甘蔗6项，其他3项），仅次于美国。

在2022—2023作物季，巴西将有6 800万hm^2农田种植转基因作物。转基因大豆和棉花的种植率达99%，转基因玉米达95%。这些是巴西出口其他国家的主要商品。中国是巴西大豆和棉花最主要的出口目的国。巴西也向欧盟、伊朗、埃及、西班牙、日本和韩国等国家（地区）出口转基因作物。此外，巴西也出口传统大豆，但价格更昂贵，10%~15%的溢价无法弥补额外的生产成本。

巴西和跨国种子公司以及公共部门研究机构正在致力于开发各种转基因植物。目前，多个转基因作物正在等待商业批准，其中，包括马铃薯、木瓜、稻米和柑橘。2023年3月初，巴西批准了HB4小麦的种植和销售，10月，巴西、阿根廷、巴拉圭和乌拉圭创建了一个现代生物技术产品生物安全国际网络，该倡议将为评估产品生物安全建立共同程序和协调标准，从而降低评估成本，缩短评估周期。

（信息来源：美国农业部外国农业服务局网站）

2024年德国农业生物技术发展报告

11月18日，美国农业部海外农业服务局发布了德国2024农业生物技术发展报告，主要内容如下。

技术研发方面，德国目前没有商业化生产任何转基因作物。但是，德国大约有130家公司从事农业和园艺作物的育种和营销，也是世界级公司的所在地，包括拜耳、巴斯夫和KWS等国际种子公司的总部均坐落在德国，这些公司从欧盟以外的工厂面向全球开发和供应转基因种子和传统育种种子。市场上的其他主要国际参与者Corteva和先正达在德国也有很强的影响力。这些国际公司是欧洲以外市场转基因和传统方法培育种子的主要供应商。目前，部分公司已将转基因作物的研发业务转移到了欧盟以外的地方，如美国。

市场反应方面，2023年，在德国无转基因食品协会（VLOG）的标志下售出的产品达到188亿美元的销售额，创造了历史新高。食品观察组织（Foodwatch）的一项代表性研究显示，92%的德国人强烈支持对转基因产品进行统一标识。

进口方面，德国是转基因产品的主要消费国。作为全球主要的牲畜生产国，德国依赖进口转基因大豆和豆粕作为饲料蛋白质来源，年进口量近600万t。

（信息来源：美国农业部外国农业服务局网站）

2023年加拿大生物技术发展报告

2023年12月4日，美国农业部外国农业服务局发布了加拿大2023年度生物技术发展报告，主要内容如下。

2023年，加拿大种植了1 170万 hm^2 转基因作物，主要有油菜、大豆和玉米，其中，谷物和油籽种植面积比上年增加4%，占比达到41%。

1. 产销方面

加拿大所种油菜约95%为转基因品种。所产油菜籽约10%为本土消费，近90%油菜籽、油和粕用于出口。目前，加拿大正致力于扩大建设现有油菜加工设施，预计2024年油菜加工能力将比目前的1 100万 t 增加约41%。2023年，大豆的转基因品种种植面积占比81%，转基因玉米占比88%，商业甜菜100%为生物技术品种。

2023年度油菜籽出口总量增长6%，达790万 t。大豆出口总量420万 t，33%出口中国，20%出口欧盟，10%出口伊朗。玉米出口量为290万 t，最大客户为欧盟（63%）和美国（22%）。加拿大进口的谷物和油籽90%以上来自美国。

2. 监管方面

2023年5月3日，加拿大农业和农业食品部公布了最新版种子法规指南，基因编辑的种子和植物材料将不再被归类为转基因作物，而被视为传统作物，不按转基因监管。此外，加拿大还将提供资金对《加拿大有机标准》（*Canadian Organic Standards*）进行审查，以保护有机行业的信誉。指南规定从事有机种植的农民禁止使用基因编辑的种子。9月，加拿大政府发布了一份针对植物育种者和饲料制造商的指导文件草案，该草案强化了基于产品的管理，并就《饲料法》（*Feeds Act*）和《饲料条例》（*Feeds Regulations*）如何适用于植物育种产品提供了指导。

（信息来源：美国农业部外国农业服务局网站）

2023年欧美三国生物技术发展报告

2023年11月20日，美国农业部外国农业服务局发布了墨西哥、西班牙和意大利3个国家的年度生物技术发展报告，主要内容如下。

1. 墨西哥

自2018年5月以来，墨西哥政府未批准任何用于食品和饲料的转基因产品申请，自2019年以来未批准任何种植转基因作物的许可证。政府还拒绝或搁置对34个转基因棉花的种植许可申请作出决定，并拒绝了1个转基因苜蓿的申请。2023年2月，新的《玉米法令》生效，立即禁止了将转基因玉米用于"人类消费"但法令中的"人类消费"仅指用于墨西哥玛莎和玉米饼生产。墨西哥目前的监管环境使得企业较难在墨西哥投资生物技术。

2. 西班牙

西班牙是欧盟最大的转基因Bt玉米生产国，Bt玉米种植面积约占欧盟转基因作物总种植面积的95%，剩余5%在葡萄牙种植。2023年，转基因Bt玉米在西班牙的种植面积约为4.5万hm^2。近年，西班牙的玉米种植面积稳定在35.5万hm^2左右，但2023—2024年，玉米种植面积显著下降。主要原因是灌溉用水不足，不利于玉米种植，更适于种植向日葵等需水量较少的作物。此外，农民越来越多地选择增加传统玉米的种植份额。虽然转基因玉米在整个欧盟被批准可用于食品消费，但大多数食品制造商已经从食品成分中剔除了转基因产品，以避免标注为转基因食品。

进出口方面，西班牙是欧盟最大的饲料原料进口国，是谷物和油籽的净进口国。尽管西班牙是欧盟的Bt玉米主要生产国，但其国内谷物产量不足以满足其强劲的出口导向型畜牧业的需求，其自有产量可以完全被国内饲料行业消耗。此外，西班牙还进口大量转基因产品，如大豆及其产品、玉米和玉米加工副产品。主要来源国为巴西、乌克兰和美国。

种子贸易方面，由于欧盟只允许种植转基因玉米MON810，对美国种子出口西班牙构成贸易壁垒。西班牙从其他欧盟成员国采购玉米种子，2022年99%以上的玉米种子进口来自法国。

3. 意大利

农业约占意大利国内生产总值的 2.2%。意大利本国谷物产量无法满足国内对饲料投入的需求，约 85% 的饲料（大豆和豆粕）依靠进口。主要来源国为巴西、加拿大、美国和乌克兰。目前，意大利没有正在开发的转基因作物，对转基因产品的公共和私人研究经费已经逐渐削减到零。2023 年 6 月 13 日，意大利批准了用于实验和科学目的的创新生物技术田间试验，有效期至 2024 年底。意大利专注于基因组选择研究，以改善动物育种。转基因动物和克隆动物主要用于医疗或制药。

意大利商业化生产源自微生物生物技术食品原料。意大利公司致力于开发各种细菌、酵母、真菌和酶，用于食品、饮料、制药、生物工业和兽医领域。

（信息来源：美国农业部外国农业服务局网站）

2024 年西班牙生物技术发展报告

2024 年 10 月 18 日，美国农业部海外农业服务局发布了西班牙年度生物技术发展报告，主要内容如下。

西班牙是欧盟最大的转基因 Bt 玉米生产国。2024 年，西班牙转基因 Bt 玉米的种植面积达 6.5 万 hm^2，约占欧盟转基因作物种植面积的 95%，其余 5% 在葡萄牙种植。数据显示，西班牙玉米种植面积长期下降，在 2023—2024 年触底，主要原因是灌溉用水少，抑制了玉米种植，种植者转而青睐向日葵等需水量较少的作物，以及利润更高的经济树种（如坚果或橄榄树）。虽然转基因玉米在整个欧盟被批准可用于食品消费，但大多数食品制造商从食品成分中剔除了转基因产品，以避免标注为转基因食品。

进出口方面，西班牙是欧盟最大的饲料原料进口国，是谷物和油籽的净进口国。尽管西班牙是欧盟的 Bt 玉米主要生产国，但其国内谷物产量不足以满足其强劲的出口导向型畜牧业的需求，其自有产量完全被国内饲料行业消耗。西班牙每年的谷物进口总量从 1 200 万 t 到 1 700 万 t 不等，其中包括大量转基因产品，如转基因大豆及其产品、转基因玉米及其加工副产品。主要来源国为巴西、乌克兰和美国。

种子贸易方面，由于欧盟只允许进口种植转基因玉米 MON810，因此对美国种子出口西班牙构成了贸易壁垒。西班牙只能从其他欧盟成员国采购转基因玉米种子，2022 年 99%以上的转基因玉米种子进口来自法国。

（信息来源：美国农业部外国农业服务局）

欧盟出台"地平线欧洲"计划第二个战略规划

近日，欧盟委员会（简称欧委会）通过了欧盟"地平线欧洲"计划的第二个战略规划。这一战略规划旨在为促进 2025—2027 年欧盟的研究和创新制定战略方向并提供资金，以应对包括气候变化、生物多样性丧失、数字化转型及人口老龄化等挑战。

该规划制定了三大关键战略方向，即绿色转型、数字化转型、建设更具韧性、更具竞争力、更加包容和民主的欧洲。欧委会表示，将更加重视生物多样性保护，2025—2027 年"地平线欧洲"计划总预算的 10%用于生物多样性相关主题的研究。

该规划还确定了由欧盟和私营或公共部门共同资助 9 个新研究领域，包括脑健康、森林资源和可持续未来林业、创新材料、绿色和数字化转型所需原材料、有复原力的文化遗产、社会转型和复原力、太阳能光伏、未来纺织品和虚拟世界。此外，引入了"新欧洲包豪斯"倡议，旨在将民众、市政部门、专家、企业、大学及研究机构汇聚在一起，就欧洲和其他地区的可持续和包容性增长贡献创新解决方案。

（信息来源：欧盟委员会网站）

日本发布政府经济一揽子农业政策重要事项

日本政府于 2023 年 11 月 2 日发布了 1 项 17 万亿日元（1 130 亿美元）的新经济刺激计划，旨在"彻底摆脱通货紧缩"。日本政府估计，新措施将把消费价格涨幅控制在 1%左右，同时推动整体经济增长 1.2%。2023 年 11 月 29 日，日本国会批准将预算中的 8 180 亿日元（55 亿美元）分配给农林水产省。新发布的政策重点呼吁农业、林业和渔业的结构转型，重点关注促进出口、改善环境、通过智能技术促进增长，以及加强粮食安全管理。

1. 促进出口

（1）通过组建全国特定产品出口促进小组，培养出口导向型农民和加工商，并通过海外营销帮助提高出口能力。

（2）加强公私合作，拓展海外市场的销售渠道。

（3）推动对从事出口的初创公司的投资。

2. 改善环境

（1）实现《绿色食品系统战略》中设定的目标，促进向环境友好型种植方式的转变，支持节能设施的发展，促进当地生物质的生产和消费。

（2）支持堆肥颗粒化和污泥堆肥肥料的大面积应用。加强作物种植户和畜牧养殖户之间的合作，建立地区饲料和堆肥供应链。

3. 通过智能技术实现增长

（1）立法促进智慧农业、林业和渔业；支持农民转变种植方式，以提高对智能技术的适用性；支持利用信息和通信技术促进渔业资源管理。

（2）培训服务提供商，帮助农民、林业工作者和渔民应用智能技术。支持服务提供商获取智能技术、机械和设备。

4. 加强粮食安全管理

（1）摆脱过度依赖进口的结构性转变：支持将稻田改造成旱地，扩大依赖进口作物（小麦、大豆、饲料作物、草料作物和蔬菜）的生产；增加污泥堆肥等国内资源的利用，减少肥料进口；扩大米粉的使用，支持米粉产品的开发，提高米粉和米粉产品的生产能力，以减少对进口小麦的依赖；通过加强食品制造商和农民团体之间的合作，促进食品生产原材料从进口到国内生产的转变，以确保原材料的稳定采购和所需投入产品的生产。

（2）农业生产结构转型，为农业人口迅速减少做准备：促进农地整合，增加对核心农民的资金支持，如购买新机器；支持与使用节省劳力的机械相适应的农田基础设施改善和维护。

（3）粮食系统结构转型，确保公民粮食安全：确保食品供应，并支持向粮食赈济处和儿童餐厅供应食品和政府储备大米；减少粮食损失，审查粮食分配的商业惯例，宣传企业减少粮食损失的做法；支持相关研究，从而形成反映生产成本的价格，促进公众对建立可持续粮食系统的理解；确保稳定进口，促进海外收粮和对港口设施的投资，在海外物色合适的地区采购蔬菜种子。

（信息来源：美国农业部外国农业服务局网站）

新西兰拟更新基因技术法规

8月14日，新西兰商业、创新和就业部（MBIE）宣布，拟修订基因技术监管法规和框架。此前，新西兰的基因技术产品遵守1996年颁布的《危险物质和新有机体法案》（Hazardous Substances and New Organisms Act），由澳新食品标准局负责转基因食品的监管。本次修订旨在允许更广泛地使用基因编辑技术，支持和推动基因技术在医疗保健和应对气候变化方面的发展。

在监管法规方面，新西兰拟基于澳大利亚的基因技术法案，对基因编辑技术产品根据风险等级进行分类监管，并制定相应的豁免清单。在监管框架方面，新西兰拟效仿澳大利亚，设立专门的基因技术监管机构，确保人体健康和环境安全。MBIE将牵头立法制定工作，并与初级产业部、卫生部、环境部和保护部协同推进基因技术监管法规和框架的修订。新西兰预计在2024年年底前公布新的法案，并向公众征求意见。

修订后的基因技术监管将支持以下领域的研究和开发：帮助抗击癌症的创新疗法；一种既能满足林业需求又能保护和维护自然环境的新型松树；增强水果和蔬菜对病虫害的抵抗力，从而增加食物供应，减少食物浪费。

（信息来源：新西兰商业、创新和就业部网站）

意大利成为首个禁止生产销售人造肉的国家

11月23日，意大利农业部及卫生部联合签署法令，宣布禁止在该国生产和销售用细胞培育制成的人造肉，同时对植物性蛋白标签施加限制，禁止其使用肉类标签。意大利因此成为全球首个禁止生产和销售人造肉的国家。

根据这项法令，任何在意大利境内生产、销售、培育人造肉的厂家或者个人将被处以最低 1 万欧元、最高 6 万欧元的罚金，对于大规模生产人造肉的厂家将受到 1~3 年的关闭处罚，并处高达 15 万欧元的罚金，同时罚没所生产的人造肉。意大利立法者表示这一做法是为了保护本国的畜牧产业，同时保障民众的健康安全。

该法令将培养肉类和昆虫蛋白等非传统食品视为对意大利本国畜牧业、饮食文化和食品安全的威胁。该法令还禁止植物基公司在纯素肉类替代品上使用"牛排""萨拉米香肠"等词语。意大利将该法案视为维持传统粮食系统、保护农业生计，以及为全球消费者维护意大利食品质量安全的措施。意大利农业团体强烈支持该法案。

（信息来源：意大利农业部及卫生部网站）

印度政府批准"数字农业使命"计划

9 月 2 日，印度政府批准"数字农业使命（Digital Agriculture Mission）"计划，并为此投入 281.7 亿卢比（约合 23.8 亿元人民币）。该计划涵盖各种数字农业计划的总体方案，包括创建数字公共基础设施（Digital Public Infrastructure，DPI）、实施数字作物估产普查（Digital General Crop Estimation Survey，DGCES），以及支持中央政府、州政府和学术研究机构的信息技术计划。

该方案建立在两个基本支柱之上，即农业技术数据库数据库（Agri Stack）和农业决策支持系统（Krishi Decision Support System），还包括"土壤剖面绘图（Soil Profile Mapping）"，旨在实现以农民为中心的数字服务，为农业部门提供及时可靠的信息。

1. 农业技术数据库

农业技术数据库被设计为以农民为中心的数字公共基础设施（DPI），旨在简化向农民提供的服务和方案。它包括 3 个关键组成部分，即农民登记册、地理参照村庄地图和作物种植登记册。农业技术数据库的关键特征是引入了类似于 Aadhaar 卡的"农民 ID"，作为农民的可信数字身份。

这些 ID 由各州政府/联邦直辖区创建和维护，将与各种农民相关数据相关联，包括土地记录、牲畜所有权、种植的作物和获得的福利。

农业技术数据库的实施正通过中央和州政府之间的伙伴关系推进,目前已有19个州与农业部签署了谅解备忘录。6个州已经进行了试点项目,测试农民ID的创建和数字作物调查。主要目标包括:3年内为1.1亿农民创建数字身份(2024—2025财年6 000万,2025—2026财年3 000万,2026—2027财年2 000万);两年内在全国范围内启动数字作物调查(2024—2025财年覆盖400个地区,2025—2026财年覆盖所有地区)。

2. 农业决策支持系统

农业决策支持系统(DSS)将整合作物、土壤、天气和水资源的遥感数据到一个综合的地理空间系统中。

3. 土壤剖面绘图

该计划将对约1.42亿 hm^2 农业用地进行1∶10 000比例的详细土壤剖面图绘制,目前已完成2 900万 hm^2 土壤剖面图的绘制。

此外,数字作物估产普查(DGCES)将用于作物收割实验,以提供精确的产量估计,提高农业生产的准确性。预计该计划将在农业领域创造直接和间接就业机会,为约25万名经过培训的当地青年和Krishi Sakhis(农业辅助推广人员)提供机会。

通过数据分析、人工智能和遥感等现代技术,该计划的实施将改善政府向农民提供的服务,其中包括简化获取政府计划、作物贷款和实时咨询的途径。

此外,印度政府还批准了与"数字农业使命"一同实施的另外6项计划,其支出为1 423.53亿卢比(约合120亿元人民币)。这些计划包括:为作物科学拨款397.9亿卢比,旨在到2047年确保食品安全和气候韧性;229.1亿卢比用于加强农业教育、管理和社会科学,以支持学生和研究人员;170.2亿卢比用于畜牧健康和可持续生产,以提高畜牧业和奶业收入;112.93亿卢比用于园艺的可持续发展,以增加园艺收入;120.2亿卢比将投资于加强Krishi Vigyan Kendra(农业科学中心);111.5亿卢比用于自然资源管理。

(信息来源:AgroPages网站)

USDA 授予 1 项基因编辑大豆豁免权

4月23日，美国农业部动植物健康检验局（APHIS）授予 Amfora 公司基因编辑超高蛋白大豆豁免权。该品种通过 CRISPR 基因编辑上调了特定基因的活性，增加了大豆中的蛋白质水平。这一编辑过程只是增加大豆蛋白质含量，而不会引入任何外来 DNA。该大豆品种将不受《美国联邦法规》第 7 编第 340 部分规定的约束，无须经过美国农业部进一步审查即可上市销售，加速了该大豆品种的商业化进程。

该授权为 Amfora 基因编辑大豆向市场提供可扩展、低成本、高密度的蛋白质来源打开大门。这项专利技术预计也将应用于其他粮食和饲料作物，如豌豆和其他豆类，以及包括大米和小麦在内的谷物。Amfora 预计这些相关的作物新品种也将获得美国农业部的类似豁免。该超高蛋白大豆的蛋白质含量比传统大豆高约 25%，将成为肉类替代品、水产饲料和其他富含蛋白质食品的理想植物成分。

（信息来源：Amfora 网站）

澳大利亚批准转基因小麦和大麦的田间试验

澳大利亚基因技术监管办公室（OGTR）已向澳大利亚阿德莱德大学颁发了 DIR 201 许可证，允许该大学对小麦和大麦进行转基因增产田间试验。该试验将在南澳大利亚进行，每年最大种植面积为 2 hm^2。试验将从 2024 年 5 月持续到 2029 年 1 月。

这项田间试验旨在评估转基因小麦和大麦在澳大利亚的田间表现。试验种植的转基因小麦和大麦将不会应用于人类食品或动物饲料。最终风险评估和风险管理计划（RARMP）给出的结论是，由于该转基因小麦和大麦的试验时间、地点、规模和传播受到限制和控制，此项释放对人类或环境造成的风险可以忽略不计。

（信息来源：ISAAA 网站）

欧盟推动生物技术与生物制造业发展

2024年3月20日,欧盟委员会发布《携手自然共建未来》公告,旨在推动欧盟生物技术和生物制造业发展。主要措施如下。

利用研究推动创新。启动1项研究以比较欧盟与全球其他领导者在新兴生物技术产生及其向生物制造业转移方面的现状,从而促进行业内的技术创新。

刺激市场需求。深入评估生物基产品与石化产品的差异,并评估生物基产品在特定产品类别及公共采购中的可行性,以此加速替代石化产品,刺激生物基产品的市场需求。

简化监管路径。进一步评估和简化欧盟现行的立法及其实施情况,为欧盟《生物技术法案》(*EUBiotech Act*)奠定基础,并努力建立欧盟生物技术中心(EUBiotech Hub),以帮助生物技术公司理解相关法律框架并进一步扩大规模。

促进公共与私人投资。通过利用现有的欧盟框架下的金融工具支持生物技术和生物制造业的发展,并计划在2025年欧洲创新委员会(EIC)加速器计划中考虑生物技术和生物制造业面临的某些挑战。同时,将启动研究以探索私人投资领域的障碍与挑战,以帮助降低高增长公司的融资成本。

加强与生物技术相关的技能培训。通过Erasmus+计划、欧洲大学联盟等方式加强广泛和区域性的合作,从而提升相关技能并提供培训机会。

制定和更新标准。继续推动制定和更新欧洲的生物技术和生物制造标准,以促进市场准入和创新。

支持合作和协同效应。通过区域创新园区(Regional Innovation Valleys)促进欧盟各地区部署与生物技术过程和生物制造相关的技术。

促进参与国际合作。探索与关键国际伙伴建立国际生物技术和生物制造伙伴关系的可行性,在研究和技术转移方面进行合作,并探索在监管和市场准入相关领域的战略合作机会。通过全球门户计划,多样化全球供应链,解决关键健康产品的短缺,并减轻全球疾病负担。

使用人工智能和生成式人工智能。支持与利益相关方进行结构化交流,加速采用人工智能，特别是在生物技术和生物制造中应用生成式人工智能。

重新评估生物经济战略。在 2025 年底之前重新评估欧盟生物经济战略，将考虑到当前的社会、人口和环境挑战，加强生物经济的产业维度及其与生物技术和生物制造的联系，以促进欧盟经济的发展。

（信息来源：欧盟委员会）

国际项目

科迪华与荷兰投资机构建立战略合作伙伴关系

近日,荷兰专业投资机构 StartLife 宣布与全球农作物保护和种子技术领域领先者科迪华建立战略合作伙伴关系。StartLife 自 2011 年成立以来,已在农业食品技术领域投资数百家初创企业,称此次合作是标志 AgriFoodTech 进步的重要里程碑,将通过开放式创新提供食品和农业科技领域的解决方案。与 StartLife 关联的初创企业将通过科迪华的研发渠道获得先进的技术支持和指导,加速他们进入市场的进程,并帮助他们的突破性技术实现商业化落地。

科迪华近期推出了 1 个致力于投资和合作的平台——Corteva Catalyst,旨在获取和商业化符合公司研发目标的农业创新项目,推动价值创造,为企业和品牌带来积极的影响。Corteva Catalyst 与企业家和创新者的积极合作,将加速早期先锋技术的推出。

(信息来源:StartLife 网站)

尼日利亚批准转基因玉米品种商业化

1 月初,尼日利亚联邦政府批准兼具抗虫和耐旱特性的转基因玉米品种 TELA 商业化上市。批准的 4 个品种是 SAMMAZ 72T、SAMMAZ 73T、SAMMAZ 74T 和 SAMMAZ 75T。这些新型玉米品种具有耐旱、抗二化螟和抗草地贪夜蛾的特性,在良好的农艺措施下具备产量优势,可达每公顷 10 t,比同类杂交品种的全国平均产量高 4 t。这些新品种适用于雨林、几内亚和苏丹的稀树草原。TELA 玉米项目目前正在埃塞俄比亚、肯尼亚、莫桑比克、尼日利亚和南非 5 个国家实施。该项目的其他合作伙伴包括肯尼亚、莫桑比克、埃塞俄比亚和南非的国家农业研究所、国际玉米和小麦改良中心(CIMMYT)、拜耳公司,由比尔和梅琳达·盖茨基金会以及美国国际开发署提供资助。

(信息来源:非洲农业技术基金会)

乌克兰采取拯救作物多样性的战略

乌克兰基因库就其所储存种子样本的数量和种类而言,是世界上最大的基因库之一,其小麦、大麦、豌豆、鹰嘴豆、黑小麦、苹果和饲料作物的种质藏品具有世界级重要性。自 2022 年战争升级以来,其国家基因库系统遭受重创。近日,乌克兰当局首次制定并通过了一项全面战略,为系统的恢复、进一步发展和可持续未来规划了蓝图。该战略的实施将加强国际合作,拉近与欧洲植物遗传资源界的联系,并提高乌克兰植物遗传资源的安全水平。战略包含了 1 套目标、任务和指标,以指导未来 4 年内乌克兰植物遗传资源系统的发展,内容包括确保藏品的安全、实现设备现代化,更新种子实验室和储存设施,并采用新的数据管理系统。

乌克兰植物遗传资源系统(PGRSU)隶属于乌克兰国家农业科学院,为乌克兰农业部门的发展提供科学支持。PGRSU 由 34 个研究所组成,包括乌克兰国家植物遗传资源中心和其他研究站,每个研究所负责不同的植物种类。系统中有分布于乌克兰各地的 28 个机构持续运作。主要的种子库位于哈尔科夫。乌克兰植物遗传资源系统保护了超过 15.4 万份、涵盖 2 002 个物种的种质资源,其中 16% 为地方品种,5.9% 为农作物的野生近缘种,其余为现代品种以及育种和遗传品系。

(信息来源:北欧遗传资源中心网站)

欧盟资助新的基因组技术项目

欧盟资助的新项目 DARWIN 目前已启动,旨在共同开发用于植物育种的下一代新的基因组技术(NGT)的检测方法和数字解决方案,确保产品更好的可追溯性和真实性,以符合欧盟的"从农场到餐桌"战略。DARWIN 项目由来自 11 个国家的 15 个机构承担,执行时间为 2024 年 1 月至 2027 年 6 月。

DARWIN 将组建 1 个大型科学家团队,将验证并提供 9 种可靠的基于 DNA 的靶向和非靶向检测方法,检测通过 NGT 获得的植物产品。这些方法不仅可以检测已知的 DNA 序列（靶向检测），还可以识别引起 DNA 变化的方法，进而区分由突变引起的 DNA 改变和由 NGT 方法引起的 DNA 改变。

此外，该项目将部署 4 种采用选定的番茄和大米纯制品和混合物的数字解决方案，确保这些方法可以运用到其他物种并具有广泛的适用性，还将开发 1 个 DARWIN 数据空间和 3 个人工智能模型，以提高这些新检测方法的效能，并识别未经授权的 NGT 产品。新项目还将对农业食品经营者和执法机构未来实施的成本效益进行评估。

（信息来源：AlphaGalileo 基金会网站）

欧盟资助 ISIDORe 项目应对禽流感病毒

ISIDORe 是欧洲最大、最多元化的研究和服务联盟，致力于研究传染病。日前，ISIDORe 计划的"野生流感"项目获得了欧盟"地平线欧洲研究和创新计划"的高额资金支持。该项目将调查高致病性禽流感病毒的适应和传播动态，旨在增强对人畜共患疾病风险的了解，开发更有效的高致病性禽流感病毒检测工具，并推广"同一健康（One Health）"理念。

高致病性禽流感是由某些甲型流感病毒株引起的、严重的禽流感。"野生流感"项目将重点监测禽流感病毒，特别是高致病性 H_5 毒株，对野生和家养禽类以及哺乳动物已构成重大威胁。该项目将深入了解高致病性禽流感病毒对包括野生鸟类和哺乳动物在内的各种物种的适应和传播情况。这些研究将为高致病性禽流感病毒毒株的传染性、传播和致病性提供重要见解，为预防未来疫情和潜在流行病的策略提供信息。

鉴于新冠肺炎大流行加剧了社会对人畜共患疾病的认识，野生流感的及时研究至关重要。禽流感病毒能够感染包括人类在内的广泛物种，突出了在该领域进行全面研究的紧迫性。该项目的研究结果预计将对禽流感监测和野生动物疾病研究作出重大贡献。

（信息来源：德国慕尼黑赫尔姆霍兹研究中心网站）